INSTRUMENTAL ANALYSIS EXPERIMENT

仪器分析实验

主编　谢智勇

副主编　陈缵光　周　勰　周焕彬

图书在版编目（CIP）数据

仪器分析实验/谢智勇主编．—广州：中山大学出版社，2020.10
ISBN 978-7-306-06985-6

Ⅰ．①仪…　Ⅱ．①谢…　Ⅲ．①仪器分析—实验　Ⅳ．①O657-33

中国版本图书馆 CIP 数据核字（2020）第 191954 号

YIQIFENXI SHIYAN

出 版 人：王天琪
策划编辑：邓子华
责任编辑：邓子华
封面设计：曾　斌
责任校对：梁嘉璐
责任技编：何雅涛
出版发行：中山大学出版社
电　　话：编辑部 020-84111996，84113349，84111997，84110779
　　　　　发行部 020-84111998，84111981，84111160
地　　址：广州市新港西路 135 号
邮　　编：510275　　　　传　真：020-84036565
网　　址：http://www.zsup.com.cn　　E-mail:zdcbs@mail.sysu.edu.cn
印 刷 者：广州一龙印刷有限公司
规　　格：787mm×1092mm　1/16　7.25 印张　170 千字
版次印次：2020 年 10 月第 1 版　2020 年 10 月第 1 次印刷
定　　价：28.00 元

本书编委会

主　编　谢智勇

副主编　陈缵光　周　勰　周焕彬

编　委　(按姓氏拼音排序)

陈小露　陈缵光　林　蕾　刘　洁　刘树郁

聂　林　谢智勇　周焕彬　周　勰

前　言

仪器分析是指通过仪器，采用一些专业的手段，对待测物进行分析。仪器分析实验是许多专业学科，如生物医药、环境科学、化学、工农业生产的基础课程。随着科学技术的发展，仪器分析实验的内容也在不断地更新、丰富。仪器分析实验可让学生更加深入和具体地理解仪器分析方法的基本原理，掌握仪器分析实验的基本知识和技能，正确地使用分析仪器，合理地选择实验条件，正确地处理数据和表达实验结果，从而培养学生严谨的科学态度、科技创新和独立工作的能力。

本书主要面向药学专业学生。编者根据多年的教学实践经验，参考其他院校的实验教材，选取一些具有代表性的药物和实验方法，共编写27个实验，包括分子光谱分析实验（含紫外－可见分光光度分析实验、红外吸收光谱分析实验、分子荧光光谱分析实验）、原子光谱分析实验（含原子发射光谱分析实验、原子吸收光谱分析实验、原子荧光光谱分析实验）、电化学分析实验（含电位分析实验、伏安分析实验、库仑分析实验）、色谱分析实验（含薄层色谱分析实验、气相色谱分析实验、高效液相色谱分析实验、液相色谱－质谱联用分析实验、毛细管电泳分析实验）、微流控芯片实验、综合实验、设计性实验［含测定苹果汁中的苯甲酸（紫外吸收光谱法）、苹果汁中有机酸的分析（高效液相色谱法）］。此外，本书还介绍仪器分析实验的基础知识和实验室安全知识。

本书在编写的过程中参考了一些其他院校出版的教材，编者在此表示衷心的感谢。

由于撰写仓促，错漏之处在所难免，盼读者不吝赐教与指正。

编　者

2020年7月

目录

CONTENTS

第一章　仪器分析实验基础知识

第一节　仪器分析实验的基本要求

一、仪器分析实验的教学目的

仪器分析实验是学生在教师的指导下，以分析仪器为工具，亲自动手，获得被测定物质的化学组成、结构和形态等信息的教学实践活动，是仪器分析课程的重要组成部分。

仪器分析实验可让学生更加深入和具体地理解仪器分析方法的基本原理，掌握仪器分析实验的基本知识和技能，正确地使用分析仪器，合理地选择实验条件，正确地处理数据和表达实验结果，从而培养学生严谨求是的科学态度及科技创新和独立工作的能力。

二、仪器分析实验的基本规则

仪器分析是一门实践性很强的学科。仪器分析实验，特别是大型仪器分析实验的操作比较复杂，影响因素比较多，信息量大，需要对大量的实验数据进行分析和进行图谱解析，以获取有用信息。为了完成上述任务，要求如下。

1. 实验预习

实验预习是做好实验的基础。因此，学生在实验之前，一定要在听课和复习的基础上认真阅读相关的实验教材，明确本实验的目的、任务、相关原理、分析方法，分析仪器工作的基本原理，仪器主要部件的功能，操作的主要步骤和注意事项。学生还须写好实验报告中的部分内容，以便实验时及时且准确地进行记录。

2. 实验操作

（1）学生应做到手脑并用。在进行每一步操作时，学生应该积极思考这一步操作的目的和作用，必要时记录在实验记录本或报告本上；要细心观察实验现象，仔细记录实验条件、实验现象和分析测试的原始数据；学会选择最佳的实验条件；积极思考、勤于动手，培养良好的实验习惯和科学作风。

（2）学生应严格遵守实验操作规程及注意事项。在使用不熟悉其性能的仪器和不了解其性质的试剂之前，应查阅有关书籍（或讲义）或请教指导教师，详细了解仪器的性能和试剂的性质，或在教师的指导下进行操作。不要随意进行实验，以免损坏仪器、浪费试剂，使实验失败。更不得随意旋转仪器旋钮、更改仪器工作参数等，防止损坏仪器或发生安全事故。

（3）学生应自觉遵守实验室规则，保持实验室整洁、安静，使实验台整洁、仪器安置有序，注意节约试剂和实验安全。在实验中若发现仪器工作出现异常，应及时报告教师处理。

3．实验结束

实验结束后，各位学生应该把自己的台面收拾干净，把实验器材、试剂等归位；值日生做好打扫卫生的工作，切断电源，关闭水阀，关好门窗。记录实验所得的原始数据，按实际情况及时进行整理、计算和分析，总结实验中的经验教训，认真撰写实验报告。

第二节　仪器分析实验报告的基本要求

一、实验报告的撰写

做完实验仅是完成实验的一半，更重要的是进行数据整理和结果分析，以加深对实验的理解，完善实验记录。

1．实验报告的撰写要求

（1）认真、独立地完成实验报告。对实验数据进行处理（包括计算、作图），得出分析测定结果。

（2）将平行样的测定值与理论值进行比较，分析误差。

（3）对实验中出现的问题进行讨论，提出自己的见解，对实验提出改进方案。

2．实验报告内容

实验报告内容包括：①实验题目、完成日期、姓名。②实验目的、简要原理、所用仪器和试剂，以及主要实验步骤。③原始实验数据。应有条理且符合逻辑地组织报告中所列的实验数据和结论，将其简明扼要并准确地表达出来，并附上对应的图表。④实验数据及计算结果，对实验结果的分析和讨论。⑤对实验方案后的思考题的解答。

二、实验数据的记录和处理

（一）实验数据的记录

（1）实验数据的记录应用专门的实验记录本，不能使用铅笔来记录数据。实验开始之前，应首先记录实验日期、实验室气候条件（包括温度、湿度和天气状况等）、仪器型号、测试条件及同组人员姓名等。

（2）在实验过程中，应及时、准确地将数据记录在实验记录本上。严禁先记录到小本子上或手上再摘抄。记录实验数据时，要本着实事求是和严谨的科学态度，切忌夹杂主观因素来随意拼凑或伪造数据。

（3）应根据所用仪器的精度正确记录有效数字的位数。若用万分之一分析天平称重，要求记录到0.000 1 g。实验过程中的每一个数据都是测量结果，即使数据完全相同，也应认真记录下来。记录下来的数据在进行计算之前应根据有效数字的运算规则，正确保留有效数字的位数，依照“四舍六入五留双”的规则进行修约。

（4）为了整齐、简洁，可以采用合理的表格形式记录数据。若发现数据算错、测错或读错而需要改动，可用双斜线将该数据画去，在其上方书写正确的数字，并由更改人在数据旁签字，而不是随意涂改数据；不能使用涂改液涂改数据。

（5）实验完毕后，将完整的实验数据记录交给实验指导教师检查、签字后方可离开。

（二）实验数据的处理

实验数据的处理是将测量的数据经科学的运算，推断出某量值的真值或导出某些有规律性结论的整个过程，通常包括实验数据的表达、数据的统计学分析和结果的表达。

1. 实验数据的表达

可用列表法、图示法和数学公式表达法表示实验数据间的相互关系、变化趋势等相关信息，清晰地反映各变量之间的定量关系，以便进一步分析实验现象，得出规律性结论。

（1）列表法。列表法是将相关数据及计算按一定的形式列成表格，具有简单明了、便于比较等优点。

（2）图示法。图示法是将实验数据各变量之间的变化规律绘制成图，简明、直观地表达出实验数据间的变化规律，具有容易看出数据中的极值点、转折点、周期性、变化率及其他特性等优点，便于分析研究。

（3）数学公式表达法。在实验研究中，把实验数据整理成数学表达式，以表达自变量和因变量之间的关系，这种方法被称为数学公式表达法。在仪器分析实验中，应用最多的是一级线性方程。一级线性方程表达物质的量与测量信号之间的定量关系。

2. 数据的统计学分析和结果表达

进行实际样品分析时，需要按照有效数字的运算规则进行计算和保留有效数字。主要涉及的计算和分析包括可疑值的取舍，平均值、标准偏差和相对标准偏差的计算，数据的统计学分析等。根据测量仪器的精度和计算过程的误差传递规律，正确地表达分析结果，必要时还要表达其置信区间。常用单位的表示方法如下。

（1）固体样品。固体样品质量分数的单位为 $\mu g \cdot g^{-1}$、$ng \cdot g^{-1}$、$pg \cdot g^{-1}$等。

（2）液体样品。液体样品质量浓度的单位为 $g \cdot L^{-1}$、$mg \cdot L^{-1}$、$\mu g \cdot L^{-1}$或 $\mu g \cdot mL^{-1}$、$ng \cdot mL^{-1}$等。

（3）气体样品。气体样品质量浓度的单位为 $mg \cdot m^{-3}$。

第三节　分析试样的准备及处理

选择有代表性的样品送到实验室进行分析，并确保分析结果的准确性。植物和人体试样的采集和处理的经验性方法介绍如下。

一、植物试样

对于植物试样，应根据研究分析的需要，于适当部位和不同生长发育阶段采样。样品采集好后用水洗净，置于干燥通风处晾干，或用干燥箱烘干。

（1）新鲜植物试样。对于新鲜植物试样，应立即进行处理和分析。当天未分析完的新鲜样品应暂时置于冰箱内低温保存。

（2）干样。先将风干或烘干后的试样粉碎，根据分析方法的要求，通过 40 ～ 100 目筛，混合均匀备用。应避免所用器皿带来污染。

注意事项：①测定生物试样中的氨基酸、维生素、有机农药、酚、亚硝酸等在生物体内易发生降解或不稳定的成分时，应采用新鲜试样进行分析。②植物试样的含水量高，在进行干样分析时，其鲜样采集量应为所需干样量的 5 ～ 10 倍。

二、人体试样

人体试样可以分为均匀样品和非均匀样品。均匀样品包括血浆、血清、全血、唾液、胆汁、乳汁、淋巴液、脑脊液、汗液、尿液和性腺分泌液等体液。非均匀样品包括脑、心、肺、胃、肝、脾、肾、肠、子宫、睾丸、肌肉、皮肤、脂肪、组织、粪便排泄物等。

几种常见人体试样的处理方法举例说明如下。

1. 血液样品

(1) 血浆。将采集的血液置于含有抗凝剂的试管中，混合后以 2 500 ～ 3 000 r/min 离心分离 5 min，使血细胞分离出来，上清液即为血浆。临床常用的抗凝剂有 EDTA、肝素、草酸盐、枸橼酸盐、氟化钠等。血浆占全血的50%。血浆中的药物浓度既反映药物在靶器官中的存在状况，又较好地体现药物浓度和治疗作用之间的关系。血浆是临床疾病治疗最常用的生物样品。

(2) 血清。采取的血样在室温下放置 30 ～ 60 min，待凝结出血饼后，用玻璃棒或细竹棒轻轻地剥去血饼，以 2 000 ～ 3 000 r/min 离心分离 5 ～ 10 min，上清液即为血清。血清只占全血的 20% ～ 30%。血浆及血清中的药物浓度测定值通常是相同的。血清成分更接近组织液的化学成分，测定血清中的药物含量比全血更能反映机体的具体状况。

(3) 全血。将采集的血液置于含有抗凝剂的试管中，保持血浆和血细胞的均相状态即为全血。全血不易保存，血细胞中含有影响测定的干扰物质，故很少采用全血测定药物浓度。采血后保存的注意事项如下。

A. 血浆或血清样品必须置于硬质玻璃试管中完全密塞后保存。

B. 采血后及时分离出血浆或血清再储存。若不预先分离，血凝后冰冻保存。冰冻有时会引起细胞溶解，这将妨碍血浆或血清的分离，可能因溶血影响药物浓度。

2. 尿液样品

尿液约含97%的水，其余为盐类、尿素、尿酸、肌酐等，一般不含蛋白质、糖和血细胞。体内药物清除主要是通过尿液排出，大部分药物以原型从尿中排泄。尿液取样方便，并对机体无损伤。若收集的 24 h 尿液不能立即测定，为防止尿液生长细菌，避免尿液中化学成分发生变化，应加入防腐剂后置于冰箱中保存。常用防腐剂为浓盐酸、冰乙酸、甲苯、二甲苯、氯仿、麝香、草酚。每种尿液防腐剂都有其用量和适用测定成分的规定。例如，甲苯等可以在尿液的表面形成薄膜，适用于尿肌酐、尿糖、蛋白质、丙酮等生化项目的测定；利用乙酸等可改变尿液的酸碱性的特性来抑制细菌生长，适用于 24 h 尿醛固酮的测定。

3. 唾液样品

唾液是由腮腺、颌下腺、舌下腺和口腔黏膜内分散存在的小腺体的分泌液组成的混合液。唾液的相对密度为 1.003 ～ 1.008，pH 为 6.2 ～ 7.6。如果唾液分泌量增加，则趋向碱性，接近血液的 pH。有些药物在唾液中的浓度可以反映游离型药物在血浆中的浓度。在刺激少的安静状态下，在漱口后 15 min 采集唾液样品，立即测量除去泡沫部分的体积，以 3 000 r/min 离心 10 min，取上清液直接测定或冷冻保存。解冻后，为避免误差，应充分搅拌均匀后再测定。

4. 组织样品

(1) 匀浆化法。在组织样品中加入一定量的水或缓冲溶液，在刀片式匀浆机中匀浆以获得组织匀浆。被测药物溶解后，取上清液萃取。

(2) 沉淀蛋白法。在组织匀浆中加入蛋白沉淀剂。蛋白质沉淀后，取上清液萃取。

（3）酶水解法。在组织匀浆中加入适量的酶和缓冲溶液，水浴水解一定时间。待组织液化后，过滤或离心，取上清液萃取。常用酶为枯草菌溶素。

（4）酸水解或碱水解法。在组织匀浆中加入适量的酸或碱，水浴水解一定时间。待组织液化后，过滤或离心，取上清液萃取。

5. 头发样品

一般采集枕部发样 0.05 g，使用中性洗涤剂浸泡 10 min。弃洗涤剂，用去离子水洗 3 次，用丙酮浸泡并搅拌 10 min，再用去离子水漂洗 3 次，干燥并保存于干燥器内。头发样品中待测物的提取方式包括甲醇提取、酸水解、碱水解、酶水解，其中，酶水解方法较为常用。

第二章　仪器分析实验室安全知识

实验室安全包括人身安全及仪器、设备等公共财产的安全。在仪器分析实验中，经常使用腐蚀性的、易燃易爆的或有毒的化学试剂，大量使用易损的玻璃仪器和某些精密分析仪器，使用煤气、水、电等。因此，在实验室安全方面主要应预防化学药品中毒，操作过程中的烫伤、割伤、腐蚀等人身安全危害，和燃气、高压气体、高压电源、易燃易爆化学品等可能产生的火灾、爆炸事故及自来水泄漏等事故。为确保实验的正常进行和人身安全，学生进入实验室必须严格遵守实验室的安全规则和了解安全急救措施。

第一节　实验室的一般安全规则

实验室的一般安全规则如下。

（1）实验室内严禁饮食、吸烟，一切化学药品禁止入口。实验中应注意不用手摸脸、眼等部位。实验完毕后，须洗手。

（2）在使用水、电、煤气前要注意是否有异样，使用完毕后，应立即关闭。离开实验室时，应仔细检查确认水、电、煤气以及门窗是否均已关好。

（3）进入实验室应该穿好实验服、戴手套，避免浓酸、浓碱等强腐蚀性试剂溅在皮肤和衣服上。使用浓硝酸（HNO_3）、盐酸（HCl）、硫酸（H_2SO_4）、高氯酸（$HClO_4$）、氨水（$NH_3 \cdot H_2O$）时，均应在通风橱中操作，绝不允许直接加热。稀释浓硫酸时，应将浓硫酸慢慢地注入水中，边搅拌边加入。装过强腐蚀性、易爆或有毒药品的容器，应由操作者及时洗净。

（4）使用四氯化碳（CCl_4）、乙醚（$C_2H_5OC_2H_5$）、苯（C_6H_6）、丙酮（CH_3COCH_3）、三氯甲烷（$CHCl_3$）等易挥发的、有毒或易燃的有机溶剂时，一定要远离火焰和热源。使用完后要将试剂瓶塞严，放在阴凉处保存。低沸点的有机溶剂不能直接在火焰上或热源上加热，而应水浴加热。用过的试剂应倒入回收瓶或废液瓶中，不要倒入水槽中。

（5）使用汞盐、砷化物、氰化物等剧毒物品时应特别小心，做好安全措施（包括穿好实验服和佩戴手套、护目镜等）。氰化物不能接触酸，因为两种物质作用时产生剧毒的氢氰酸。氰化物废液应倒入碱性亚铁盐溶液中，使其转化为亚铁氰化物盐类，然后作为废液处理。严禁直接倒入下水道或废液缸中。硫化氢气体有毒，涉及硫化氢气体的操作时，一定要在通风橱中进行。操作结束后，必须仔细洗手。

（6）热、浓的高氯酸遇有机物常易发生爆炸。如果试样为有机物，应先用浓硝酸加热，使之与有机物发生反应，有机物被破坏后，再加入高氯酸。蒸发多余的高氯酸时，切勿蒸干，避免发生爆炸。

（7）实验室内应保持整齐、干净。一定要保持水槽清洁，不能将毛刷、抹布、或其他会堵塞水槽下水道的东西扔进水槽中。废弃物应放入实验室指定的地方。废酸、废碱等须小心倒入废液缸（或塑料提桶内），切勿倒入水槽内，以免腐蚀下水管。

（8）实验完毕，应将实验台面整理干净，关闭水、电、气、门、窗，征得指导教师同意后方可离开实验室。

（9）实验室应该配备常用的灭火器、急救药箱，以备不时之需。

第二节　实验室水、电、气的安全使用

1. 实验室用水安全

自来水使用后要及时关闭阀门，尤其遇停水时，若阀门是打开的，要立即关闭，以防来水后跑水。离开实验室之前，应再检查自来水阀门是否完全关闭（使用冷凝器时，若突然停水，较容易忘记关闭冷却水）。

2. 实验室用电安全

实验室用电有十分严格的要求，使用中的注意事项如下。

（1）所有电器必须由专业人员安装，不得任意另拉、另接电线用电。

（2）在使用用电设备时，应先详细阅读有关的说明书，严格按照要求去做，或者在教师的指导下使用。

（3）所有用电设备的用电量应与实验室的供电及用电端口匹配，决不可超负荷运行，以免发生事故。切记，任何情况下发生用电问题（事故）时，先立即切断电源。

（4）若遇到触电事故，应立即切断电源或用绝缘物将电源线拨开（注意：千万不可徒手去拉触电者，以免抢救者也被电流击倒）。然后，立即将触电者抬至空气流通处。若电击伤害较轻，则触电者在短时间内可恢复知觉；若电击伤害严重或触电者已停止呼吸，则应立即解开触电者的上衣并及时做人工呼吸和给氧，同时，拨打急救电话120，请求医疗急救。

3. 实验室用气安全

根据不同的实验任务，在实验室中使用不同的压缩气体。气体钢瓶是存储压缩气体或液化气体的高压容器。钢瓶是用无缝合金钢或碳素钢管制成的圆柱形容器，器壁很厚，一般最高工作压力为 15 MPa。实验室中常用的压缩气体钢瓶的标志见表2－1。

表2－1　常见气体钢瓶的颜色与标记

钢瓶名称	外表颜色	字样	字样颜色	横条颜色
氧气瓶	天蓝	氧	黑	—
氢气瓶	深绿	氢	红	红
氮气瓶	黑	氮	黄	棕
纯氩气瓶	灰	纯氩	绿	—
氦气瓶	灰	氦	白	—
压缩空气瓶	黑	压缩空气	白	—
乙炔气瓶	白	乙炔	红	—
二氧化碳气瓶	黑	二氧化碳	黄	黄
氯气瓶	草绿	氯	白	白

使用压缩气（钢瓶）时的注意事项如下。

（1）使用时，为了降低压力并保持压力平稳，必须装置减压阀。各种气体钢瓶的减压阀不能混用。

（2）压缩气体钢瓶有明确的外部标志。应正确识别气体种类，切勿误用，以免造成事故。

（3）搬运及存放压缩气体钢瓶时，一定要将钢瓶上的安全帽旋紧。搬运气瓶时，要用特殊的运输工具，不得将手扶在气门上，以防气门被打开。储存时不得将钢瓶放在烈日下暴晒或靠近高温，以免引起钢瓶爆炸。气瓶直立放置时，要用铁链等进行固定。

（4）易燃气体（如甲烷、氢气等）钢瓶必须放在室外阴凉处，避免太阳直晒。严禁将钢瓶直接放在室内使用。严禁将钢瓶靠近明火，钢瓶与明火相距不小于 10 m，否则必须采取有效的保护措施。采暖期间，气瓶与暖气片距离不小于 1 m。

（5）开启压缩气体钢瓶的气门开关及减压阀时，旋开速度不能太快，应逐渐打开，以免气流过急冲出，发生危险。

（6）瓶内气体不得用尽，剩余残压一般要保持在 0.05 MPa 以上，可燃气体应保留在 0.2 ～ 0.3 MPa 或更高的气压；否则将导致空气或其他气体进入钢瓶，再次充气时将影响气体的纯度，甚至发生危险。

第三节　实验室用火（热源）安全

1. 用火（热源）的规定及要求

用火（热源）的规定及要求如下。

（1）使用燃气热源装置，应经常对管道或气罐进行检查，避免发生泄漏而引起火灾。

（2）使用易挥发的可燃试剂（如乙醚、丙酮、乙醇等）时，尽量防止其挥发，保持室内通风良好。绝不能在明火附近倾倒、转移这类易燃溶剂。需要加热易燃试剂时，必须使用水浴、油浴或电热套，绝对不可使用明火。

（3）加热时，应加入沸石（或碎瓷片），以防暴沸伤人。实验人员在加热期间不应离开实验现场。

（4）用于加热的装置必须是规范厂家的产品，不可随意用简便的器具代替。

（5）定期检查电器设备、电源线路是否正常，遵守安全用电规程，防止因电火花、短路、超负荷引起线路起火。

（6）室内必须配置灭火器材。灭火器材固定放置在便于取用的地点，并要定期检查其性能。

2. 灭火的基本措施

一旦在实验过程发生火灾，一定要保持沉着、冷静，千万不要惊慌。应立即切断电源和燃气源，扑灭火源，移走可燃物。若起火范围小，可以立即用合适的灭火器材进行灭火；若火势有蔓延趋势，必须立即报警。常用的灭火器及其适用范围见表2－2。

表2－2 常用灭火器

灭火器类型	主要成分	适用范围
酸碱式灭火器	H_2SO_4 和 $NaHCO_3$	非油类及电器失火等一般火灾
泡沫灭火器	$Al_2(SO_4)_3$ 和 $NaHCO_3$	一般物质着火，有机溶剂、油类着火
二氧化碳灭火器	CO_2	电器、贵重仪器、设备、资料着火，小范围的油类、忌水化学药品着火
四氯化碳灭火器	CCl_4	电器着火
干粉灭火器	$NaHCO_3$、润滑剂、防滑剂	油类、有机物、遇水燃烧的物质着火
1211 灭火器	CF_2ClBr	高压电器设备、精密仪器、电器着火

对于普通可燃物，一般可用沙子、湿布、石棉布等盖灭。衣服着火时，应立即离开实验室，可用湿布覆盖压灭，或躺倒滚灭，或用水浇灭。

用水灭火的注意事项如下。

（1）有些化学药品比水轻，会浮于水，随水流动，可能会扩大火势。

（2）有些化学药品能与水反应（如金属钠），引起燃烧，甚至爆炸。

（3）在敞口容器中燃烧，如油浴着火不宜用水，可用石棉布盖灭。

第四节　常用设备的安全使用

1．微波消解装置的安全使用

实验前，需要先了解实验过程中使用的各种材料的热力学特性，了解微波消解炉中所用试剂材料的特性。严格禁止在密闭系统中消解易燃易爆物质。严格控制样品量，每个消化罐中有机样品量应限制在 2 g 以内，无机样品量不得大于 10 g。对于含有机物的混合样品，应视为有机物处理。

2．烘箱的安全使用

烘箱中的样品放置不要太拥挤，要保证上下空气自然流通。最下层加热板上不得放置样品。禁止烘焙易燃、易爆、易挥发及有腐蚀性的物品。样品不能与烘箱内温度传感器接触，更不能挤压传感器，否则将导致控温失灵，造成火灾。烘箱在升温过程中，使用者不能长时间远离烘箱，应随时观察温度变化。当温度达到所需的温度时，应注意观察指示灯是否在恒温状态，确认恒温后方可离开。使用时，温度不要超过烘箱的最高使用温度。一旦遇到烘箱温度控制失灵的状况，特别是烘箱内冒烟，应立即关掉电源（千万不能打开烘箱门），并立即报告实验室管理人员。等到温度降下来之后，再打开烘箱门，清理残留物。

3．马弗炉的安全使用

马弗炉须放置在室内平整的工作台上，放置位置与电炉不宜太近，防止过热使电子元件不能正常工作。搬动温控器时，应将电源开关关闭，同时避免震动。第一次使用或长期停用后再次使用时，应先进行烘炉，温度在 200 ～ 600 ℃，时间约为 4 h。使用时，炉膛温度不得超过最高使用温度，也不要长时间在额定温度以上工作。禁止向炉膛内直接灌注各种液体及熔解金属，经常保持炉膛内的清洁。取放样品时，应先关断电源。样品应轻拿轻放，以保证安全和避免损坏炉膛。应定期检查电炉、温控器的导电系统各连接部分接触是否良好。发生故障时，应立即断电，由专业维修人员进行检修。

4．离心机的安全使用

离心管若因振动而破裂，玻璃碎片会旋转飞出，造成事故。因此，使用离心机时的注意事项如下。

（1）启动离心机前，必须将其放置在平稳、坚固的地面或台面上。盖上离心机顶盖后，方可慢慢启动。

（2）离心机不仅要保证静平衡，即对称的两管样品等重，还要保证动平衡。例如，离心两个样品，一管是用蒸馏水稀释的，另一管是用 60% 的蔗糖配制的，虽然两管质量相等，但由于比重不同，不可配成一对同时离心。必须另装一管水和一管 60% 的蔗糖作为平衡物分别配重，否则离心机不能正常运转。

（3）离心过程中若有噪音、机身振动现象，应立即切断电源，及时排除故障。

（4）离心结束后，应将调速旋钮旋回至“0”档。待离心机自动停止转动后，方可打开顶盖，取出样品，不可用外力强制其停止运动。

（5）在使用高速离心机和低温离心机时，应严格按使用说明进行操作。

第五节　化学伤害急救常识

化学实验室常会遇到割伤、烫伤、化学灼伤、炸伤等意外情况。应根据伤害情况，先作紧急处理。例如，割伤应先清洗伤口及止血。若不小心将化学试剂溅到皮肤上或眼内引起化学烧伤，皮肤上的应立刻用流水冲洗，消除化学药品；对于眼内化学试剂的清洗，不能用水流直射眼球，更不能搓揉眼睛，应针对有害药品的性质，采用相应的药剂处理（表2－3），经药剂处理后再用水冲洗。对于伤势严重者，应及时送医院治疗。

表2－3　常见化学烧伤急救处理

灼烧物质	急救处理方法
强碱类	立即用水冲洗，再用2%的乙酸溶液或5%的H_3BO_3冲洗
强酸类	立即用水冲洗，再用5%的$NaHCO_3$溶液冲洗
溴（Br）	用25%的$NH_3 \cdot H_2O$、松节油和95%的乙醇（体积比为1∶1∶10）混合液处理
磷（P）	先用1%的$CuSO_4$溶液洗净残余的磷，再用0.1%的$KMnO_4$湿敷，外涂保护剂，包扎。不可将创伤面暴露于空气或涂抹油质类药
铬酐（Cr_2O_3）	立即用水冲洗，再用$(NH_4)_2SO_4$溶液漂洗

第三章　分子光谱分析实验

第一节　紫外-可见分光光度分析实验

【原理】

紫外-可见分光光度法又被称为紫外吸收光谱法，是研究物质电子光谱的分析方法，研究分子吸收波长在 190.0 ～ 1 100.0 nm 范围内的光谱。紫外吸收光谱主要产生于分子价电子在电子能级间的跃迁。通过测定分子对紫外光的吸收，可以对大量的无机物和有机物进行定性和定量测定。紫外-可见分光光度法是有机分析中一种常用的方法，具有仪器设备简单、操作方便、灵敏度高的特点，已广泛应用于有机化合物的定性、定量和结构鉴定。朗伯-比尔定律是该方法定量分析的理论依据。

任何一种分光光度计基本上是由五部分组成，即光源、单色器、样品吸收池、检测器、记录系统。

紫外-可见分光光度计主要可归纳为 5 种类型：单光束分光光度计、双光束分光光度计、双波长分光光度计、多通道分光光度计和探头式分光光度计。

现以双光束紫外-可见分光光度计说明紫外分光光度计的构造原理（图 3-1）。

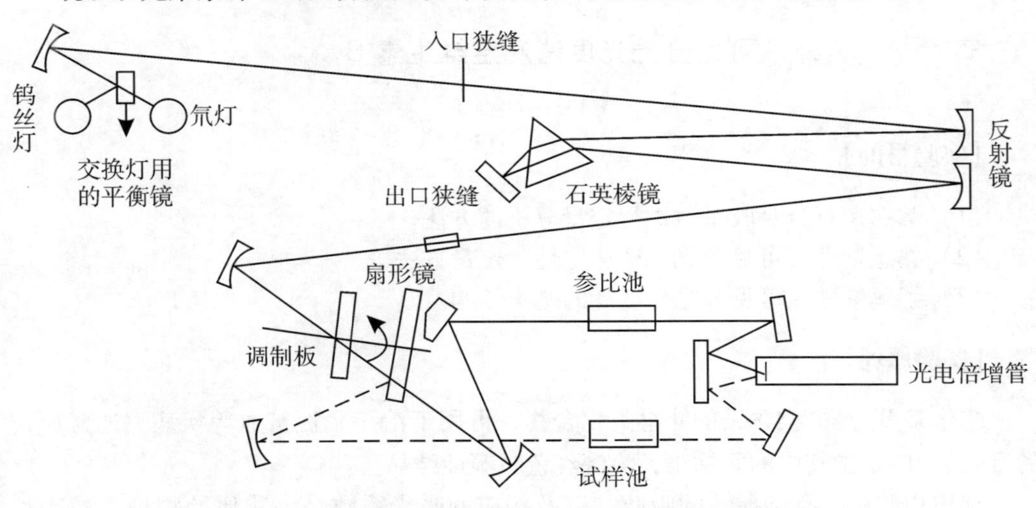

图 3-1　双光束紫外-可见分光光度计构造原理

由光源（为钨丝灯或氘灯，根据波长而变换使用）发出的光经入口狭缝及反射镜反射至石英棱镜或光栅，色散后经过出口狭缝而得到所需波长的单色光束，然后由反射镜反射至由马达带动的调制板及扇形镜上。当调制板以一定的转速旋转时，时而使光束通过，时而挡住光束，因而调制成一定频率的交变光束。之后扇形镜在旋转时，将此交变光束交替地投射到参比溶液（空白溶液）及试样溶液上，后面的光电倍增管接受通过参比溶液及为试样溶液所减弱的交变光通量，并使之转变为交流信号。此信号被适当放大并被解调器分离及整流。以电位器自动平衡此两直流信号的比率，并用记录器记录并绘制吸收曲线。现代仪器装有外接计算机，通过软件控制仪器操作和处理测量数据，并装有屏幕显示器、打印机和绘图仪等。

紫外－可见分光光度计常用光源如下。

（1）可见区。可见区的光源为钨丝灯或碘钨灯，波长范围为 320 ～3 200 nm。

（2）紫外区。紫外区的光源为氢灯或氘灯，波长范围为 200 ～375 nm。

紫外－可见分光光度计的吸收池也被称为比色皿或液槽等。玻璃制比色皿不适合作紫外分析之用，这是由于玻璃对波长小于 300 nm 的电磁波产生强烈的吸收。因此，做紫外分析时，一般采用石英比色皿。

吸收池经常盛装有色溶液和有机物，洗涤吸收池时一般先用盐酸－乙醇洗涤液浸泡，再用水清洗。要特别注意测定完毕后尽快用水洗净吸收池，否则一旦着色很难洗净。注意：不可用铬酸洗液洗涤比色皿。

在一般实验中，所用的几个吸收池的吸光度（A）之差不能大于 0. 005。吸收池在使用过程中要注意保护透明光面，避免擦伤或被硬物划伤，操作时要手触毛玻璃面。装液不要太满，以防止溶液溢出腐蚀分光光度计，一般装入 3/4 容积即可，然后用滤纸轻轻擦去外部的溶液，再用镜头纸（折叠为四层使用，切勿搓成团）擦至透明，即可放入吸收池架内测量。石英吸收池价格较高，使用时要特别小心，以防损坏。

实验一　紫外－可见分光光度法测定维生素 B_{12}

【实验目的】

（1）掌握用百分吸收系数进行定量分析的方法。

（2）熟悉紫外－可见分光光度法定性、定量方法。

（3）了解紫外－可见分光光度计的基本结构。

【实验原理】

维生素 B_{12} 是一类含钴的卟啉类化合物，可用于治疗恶性贫血等疾病。通常所说的维生素 B_{12} 是指其中的氰钴素，为深红色吸湿性结晶。

利用物质对光有选择性的吸收，以及相应的吸光系数是该物质的物理常数等性质，可对维生素 B_{12} 进行定性及定量分析。维生素 B_{12} 的水溶液在（278 ±1）nm、（361 ±1）nm 与（550 ±1）nm 3 处波长有最大吸收。《中国药典》（2015 版）规定在 361 nm 波长处的 A 与 550 nm 波长处的 A 的比值在 3.15 ～ 3.45 为定性鉴别的依据。由于维生素 B_{12} 在 361 nm 处的吸收峰干扰因素少，《中国药典》（2015 版）规定以（361 ±1）nm 处吸收峰的百分吸收系数 $E_{1\ \mathrm{cm}}^{1\%}$ 值（207）为测定注射液实际含量的定量依据。

【仪器与试剂】

1. 仪器与器皿

紫外 - 可见分光光度计、吸量管、比色管。

2. 试剂

维生素 B_{12} 注射液（标示量为 500 μg/mL）。

【实验步骤】

1. 维生素 B_{12} 测试液的配制

取 1 支标示量为 500 μg/mL 的维生素 B_{12} 注射液，精确吸取 0.5 mL 于 10 mL 比色管中，用蒸馏水稀释至刻度（稀释倍数为 20 倍），即得维生素 B_{12} 测试液。

2. *A* 的测定和计算

（1）定性鉴别。将维生素 B_{12} 测试液倒入 1 cm 石英比色皿中，以蒸馏水作参比溶液，在 361 nm 波长处与 550 nm 波长处分别测定其 A。根据测得的 361 nm 波长处的 A 与 550 nm 波长处的 A，计算这 2 个波长处的 A 的比值（式 3 - 1），并与标准值 3.15 ～ 3.45 相比较，进行维生素 B_{12} 的鉴别（表 3 - 1）。

$$\frac{E_{1\ \mathrm{cm}(361\ \mathrm{nm})}^{1\%}}{E_{1\ \mathrm{cm}(550\ \mathrm{nm})}^{1\%}} = \frac{A_{361\ \mathrm{nm}}}{A_{550\ \mathrm{nm}}} \tag{3-1}$$

表 3 - 1　*A* 的测定

波长/nm	359	360	361	549	550	551
A						

（2）吸收系数法定量分析。以蒸馏水作参比溶液，在 361 nm 与 550 nm 波长处分别测定维生素 B_{12} 的 A，并计算出该注射液维生素 B_{12} 的标示量的百分含量。按照百分吸收系数的定义，每 100 mL 含 1 g 维生素 B_{12} 的溶液（浓度为 1%）在 361 nm 处的吸收系数为 207，稀释倍数为 20，即：

$$维生素\ B_{12}\ 的标示量(\%) = \frac{\dfrac{A_{361\ \mathrm{nm}}}{207} \times 20}{标示量} \times 100\% \tag{3-2}$$

【注意事项】

（1）同一波长下反复测得的 A 可能不一样，与波长调节的位置有关。
（2）计算公式中的 A 以测量波长处最大值代入计算。
（3）全部实验操作应注意避免日光直接照射。

【思考题】

（1）试比较用标准曲线法及吸收系数法定性、定量测量的优缺点。
（2）有哪些方法可以定性、定量分析维生素 B_{12}？

实验二　双波长消去法测定复方制剂安痛定中的安替比林

【实验目的】

（1）掌握扫描型紫外－可见分光光度计的操作、使用和维护方法。
（2）掌握应用等吸收双波长消去法测定物质含量的原理和方法。
（3）学习使用图谱处理软件，了解其主要功能。

【实验原理】

经典双波长分光光度法中，入射光是同一波长的单色光，分别通过吸收池和参比池，得到的信号是相对于参比溶液吸收为零的 A。由于吸收池位置、吸收池常数、待测溶液和参比溶液之间的浑浊度、溶液组成等因素的影响，可能引起较大误差。双波长分光光度法克服了经典单波长分光光度法的缺点。在双波长分光光度法中，从光源发射出来的光线分别经过两个单色器（光栅）后，得到两束具有不同波长的单色光，利用斩光器使这两束单色光交替通过同一待测溶液，得到的信号是待测溶液对两种单色光的 A 的差值。该方法可测定浑浊溶液，也可测定吸收光谱重叠的混合组分。

安痛定注射液的主要成分为氨基比林、安替比林和巴比妥。安替比林定量检测的紫外分光光度方法有双波长消去法、系数倍率法、最小二乘法、卡尔曼滤波分光光度法等。本实验采用双波长消去法测定安痛定中安替比林组分的含量。

安痛定的组成成分为：每 2 mL 内含氨基比林 0. 100 g、巴比妥 0. 018 g、安替比林 0. 040 g。图 3－2 为安痛定 3 个组分在 0. 1 $mol \cdot L^{-1}$ 盐酸的紫外吸收光谱图。在所选波长 λ_1 和 λ_2 范围内，巴比妥的吸收可近似为零，干扰组分只有氨基比林。利用等吸收双波长消去法可以消去氨基比林的干扰，测出待测组分安替比林的含量。

【仪器与试剂】

1. 仪器与器皿

UV－2450 紫外－可见分光光度计、电子天平、石英吸收池、容量瓶（100 mL、

2 000 mL)、吸量管（1.0 mL)。

2. 试剂

安替比林（分析纯)、氨基比林（分析纯)、巴比妥（分析纯)、盐酸（分析纯)、安痛定注射液。

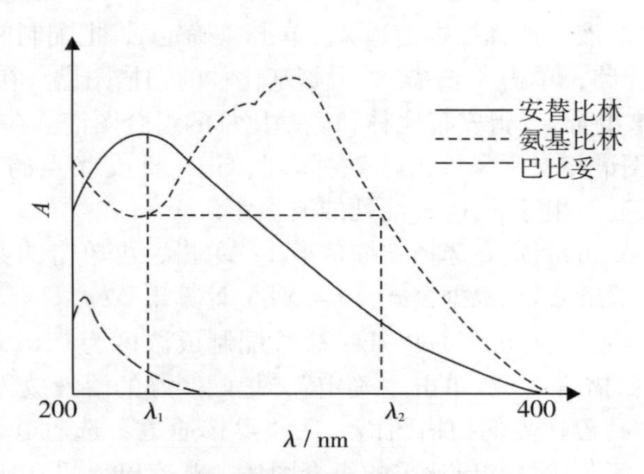

图 3-2　安痛定三组分的紫外吸收光谱

【实验步骤】

1. 溶液配制

分别称取安替比林、氨基比林、巴比妥纯品，准确称量，用 0.1 $mol \cdot L^{-1}$ 盐酸准确配制 100 mL 浓度为 0.015 $mg \cdot mL^{-1}$ 的溶液。

2. 仪器自检

接通电源，仪器预热 20 min，然后进行自检。联机自检结束，仪器进入测试状态。

3. 测试步骤

(1) 选择菜单。在应用程序菜单下选择“定性测试”，单击。

(2) 设置扫描参数。通过扫描参数设置操作界面，设置扫描方式（A)、扫描次数（1)、扫描精度（1 nm)、起始波长（220 nm)、终止波长（400 nm)、坐标下限（-0.1）和坐标上限（3)，单击“确定”。

(3) 建立基线。在光度计的样品槽内放入参比溶液（为 0.1 $mL \cdot L^{-1}$ 盐酸)，在“附属功能”菜单下单击“建立仪器基线”（或单击界面的“Scan Baseline”)，在对话框内输入起始波长（220 nm）和终止波长（400 nm)，单击“确定”。

(4) 选择扫描方式和扫描通道。在定性分析图谱操作界面，选择扫描方式 A 和扫描信道 1，单击“确定”。

(5) λ_1 的测定。取安替比林纯品，准确称量，用 0.1 $mol \cdot L^{-1}$ 盐酸准确配制 100 mL 含安替比林 1.2 ～ 1.3 mg 的溶液，计算浓度的百分比（准确至相对误差小于

1%）。用盐酸作参比溶液，调“0”和“100%”，然后把配制好的安替比林溶液放入样品槽，对准光路，单击“扫描”，得安替比林的扫描图谱，取波峰处为 λ_1。单击“数据表”，记入此处的 A_{1a} 和 λ_1。

（6）λ_2 的测定。取氨基比林纯品，用 0.1 mol · L^{-1} 盐酸配制成浓度为 0.015 mg · mL^{-1} 的溶液。选择扫描信道 2，单击“确定”，把配制好的氨基比林溶液放入样品槽，对准光路，单击“扫描”，得氨基比林的扫描图谱。在“可选通道”选通道 1，单击“图谱组合”，得安替比林和氨基比林的组合图谱。在 λ_1 处作纵轴的平行线，与氨基比林图谱相交叉。单击“数据表”，记入此交叉点的 A_{1b}。再从数据表中找出与 A_{1b} 相等或近似相等的 A_{2b}，此处的波长作为 λ_2。

（7）安替比林 ΔA 的测定。选择扫描信道 1，单击，再单击“数据表”，查找 λ_2 处安替比林的 A_{2a}，求出 ΔA。根据公式 $\Delta\varepsilon = \Delta A/c$ 计算出 $\Delta\varepsilon$。

（8）取巴比妥纯品，用 0.1 mol · L^{-1} 盐酸配制成浓度为 0.015 g · mL^{-1} 的溶液（不必准确）。选择扫描信道 3，单击“确定”，把配制好的溶液放入样品槽，对准光路，单击“扫描”，得巴比妥的扫描图谱。在“可选通道”选通道 2，单击“图谱组合”，得安替比林、氨基比林和巴比妥的组合图谱，观察巴比妥在所选波长范围内的吸收情况。

（9）安痛定注射液中安替比林的测定。准确吸取样品 1.00 mL，用 0.1 mol · L^{-1} 盐酸准确稀释 2 000 倍，含安替比林约 0.002%。在 λ_1 和 λ_2 处测定 A，计算出 ΔA，并计算其浓度：$c = \Delta A/\Delta\varepsilon$，再将浓度换算成样品的含量与标示量的比值。

（10）了解软件的其他功能，记录相关数据、打印图谱，结束仪器操作。

【数据记录与处理】

查阅文献，参考仪器分析的实验记录标准表格，结合本次实验内容和过程自行设计各实验记录和数据处理的格式，并记录在本次实验的实验记录本上。

【注意事项】

（1）待测试样溶液浓度除已有注明外，其吸收度以 0.3 ～ 0.7 为宜。

（2）取吸收池时，手指应拿毛玻璃面的两侧，盛装样品以池体容量的 4/5 为度，使用挥发性溶液时应加盖。透光面要用擦镜纸由上而下擦拭干净，检视应无溶剂残留。吸收池放入样品室时应注意方向相同。使用后用溶剂或水冲洗干净，晾干防尘保存。

（3）选用仪器的狭缝宽度应小于待测样品吸收带的半宽度，否则测得的吸收度值会偏低。对于大部分待测样品，可以使用 2 mm 狭缝宽度。

【思考题】

（1）氨基比林的溶液为什么不需准确配制？

（2）如何根据吸收光谱谱线选择适当的波长？

（3）参考、对比文献资料的其他测定方法，阐述本实验方法的优缺点，并评价自己的实验结果，探讨自己的实验结论。

第二节　红外吸收光谱分析实验

【原理】

分子吸收红外光，由分子振动、转动发生能级的跃迁（基态 $V=0$ 至第一振动能级 $V=1$，即 $\Delta V=1$）产生的光谱，称为中红外光谱，简称为红外光谱。

绝大多数有机化合物和无机离子的基频吸收带在中红外区。由于基频振动是红外光谱中吸收最强的振动，该区最适合进行定性、定量分析。此外，红外光谱仪技术成熟、简单，而且已积累了该区的大量数据资料，因此，它是目前应用最广泛的光谱区。

除了单原子分子和同核分子，如 Ne、He、O_2、H_2 等，几乎所有的有机化合物在红外区都有吸收；除了光学异构体，凡是具有不同结构的有机化合物，一定不会有相同的红外光谱。红外吸收光谱检测的是官能团的特征吸收性，可用于化合物的结构解析。红外光谱主要用于定性分析。红外光谱的定量分析也遵循朗伯－比尔定律，但偏离更多，准确度不高，故应用不多。在定量分析方面，可用于测定大气、汽车尾气中的 CO、CO_2，水中的油分，等等。

任何一种红外光谱仪，就其结构而言，基本上是由五部分组成，即光源、单色器、吸收池（样品池）、检测器、记录系统。目前，多采用傅里叶变换红外光谱仪。

1. 光源

能提供红外辐射的都可以作为光源。

（1）硅碳棒。硅碳棒由碳化硅烧结而成，工作温度为 1 200 ～ 1 400 ℃，发光面积大，价格便宜，操作方便。其使用波长范围较能斯特灯宽。

（2）能斯特灯。能斯特灯由混合的稀土金属（如锆、钍、铈）氧化物制成，工作温度为 1 750 ℃。其使用寿命长，稳定性好，在短波长范围使用比硅碳棒有利；但其价格较贵，操作不如硅碳棒方便。

2. 吸收池（样品池）

分析气体时用气体池，分析液体时用液体池，分析固体时用固体支架。各类吸收池都有盐窗片。最常用的是 KBr 压片，因为 KBr 在 4 000 ～ 400 cm^{-1} 光区不产生吸收，所以可绘制全波段光谱图。使用中要注意防潮。也可用 KI、KCl、NaCl 等。

3. 单色器

单色器的功能是把通过样品池和参比池而进入入射狭缝的复合光色散成单色光，再射到检测器上加以测量。单色器有 2 种。

（1）棱镜。早期的红外光谱仪主要用棱镜。

（2）光栅。目前，红外光谱仪多用光栅，其分辨率高，价格便宜。

4．检测器

（1）高真空热电偶。高真空热电偶是色散型红外分光光度计中常用的检测器。热电偶两端点由于温度不同产生温差热电势，让红外光照射热电偶的一端，使两端点间的温度不同，产生电势差，从而使回路中有电流通过，电流大小随红外光的强弱而变化。试样吸收红外光，引起电流大小的改变。热电偶密封在一个高真空的玻璃容器内。

（2）热释电检测器。热释电检测器是傅里叶变换红外光谱仪中的常用检测器，用硫酸三苷肽（triglycine sulfate srystal，TGS）的单晶薄片作为检测元件。其特点是响应速度快，能实现高速扫描。

实验三　溴化钾压片法测绘抗坏血酸的红外吸收光谱

【实验目的】

（1）掌握常规样品（固体样品）的制样方法。

（2）熟悉红外光谱仪的工作原理。

（3）了解红外光谱仪的基本结构。

【实验原理】

每种分子都有由其组成和结构决定的独有的红外吸收光谱，可以进行分子结构定性及定量分析。不同状态的样品（如固体、液体、气体及黏稠样品）需要与之相应的制样方法。制样方法的选择和制样技术的好坏直接影响谱带的频率、数目和强度。压片法是传统的红外光谱制样方法，简便易行。

【仪器与试剂】

1．仪器与器皿

傅里叶红外光谱仪、压片机、压片模具、样品架、玛瑙研钵、不锈钢药勺。

2．试剂

抗坏血酸（$C_6H_8O_6$，分析纯）、溴化钾（KBr，分析纯）、抗坏血酸药片。

【实验步骤】

1．制样

（1）烘干样品。称取 1 ～ 2 mg $C_6H_8O_6$ 与 200 ～ 300 mg 干燥的 KBr 粉末在玛瑙研钵中，混匀。潮湿的样品应经过真空干燥或置于 40 ℃ 烘箱中干燥。KBr 粉末容易吸附空气中的水汽，在使用之前应在 120 ℃ 条件下烘干，置于干燥器中备用；或将 KBr 粉末长期保存在 40 ℃ 烘箱中。

（2）研磨。一边研磨玛瑙研钵中的 $C_6H_8O_6$ 和 KBr，一边转动玛瑙研钵，使 $C_6H_8O_6$ 和 KBr 充分混合均匀。普通样品的研磨时间为 4 ～ 5 min；对于非常坚硬的样品，可先研磨样品（样品量少，容易研磨细），然后再加入 KBr 一起研磨，使颗粒直径小于 2. 5 μm。

（3）压片。将研磨好的 $C_6H_8O_6$ 和 KBr 转移到模膛内底模面上并用小扁勺将混合物铺平，中心稍高。小心放入顶模，将样品压平，并轻轻转动几下，使粉末分布均匀，放在液压机上固定。在 10 T/cm^2 左右的压力下压制 1 ～ 2 min，即可得到透明或半透明锭片。

2．抗坏血酸红外光谱测试

将压好的锭片放在样品架上进行测试，用 150 mg 左右的空白 KBr 作背景。对基线倾斜的谱图进行校正，噪音大时采用平滑功能，然后绘制出标有吸收峰的 $C_6H_8O_6$ 红外光谱图。

3．抗坏血酸药片的测试

按照前述方法制备压片，将压片放在样品架上进行测试，用 150 mg 左右的空白 KBr 作背景，测定其红外光谱图，在随仪器所附的标准谱库中检索，确认其化学结构。

【注意事项】

（1）放置仪器的工作台应平稳，周围无强电磁场干扰，无强气流及腐蚀性气体；仪器检定处不得有强光直射。

（2）仪器工作环境的温度为 15 ～ 30 ℃，相对湿度小于 65%。电源应配备有稳压装置和接地线。

（3）若研磨时间过长，样品和 KBr 容易吸附空气中的水汽；若研磨时间过短，不能将样品和 KBr 研细。

（4）压片法一般容易造成谱图的倾斜，样品量的选择也会影响分析结果，所得到的谱图应该先进行谱图处理后再进行检索。

【思考题】

（1）为什么潮湿的样品不能直接用于压片？

（2）用压片法制样时，为什么要求研磨到颗粒粒度小于 2. 5 μm？

第三节　分子荧光光谱分析实验

【原理】

分子具有不同的能级，电子处于不同的能级中。通常情况下分子的电子处于最低的能级状态，即基态，用S_0表示。当光照射到分子上时，电子被激发，从低能级跃迁到高能级，即激发态，用S_1，S_2，… 表示。高能级的电子不稳定，通过辐射跃迁和非辐射跃迁失去能量返回基态，而荧光就是激发态的分子和原子返回基态过程中放射出来的一种光能。若被光照射，激发的是分子，发出的是分子荧光。

不同物质的激发光谱和荧光发射光谱不同；同一物质，其他条件相同而浓度不同时，其荧光强度也不同。

（1）荧光激发光谱。固定荧光发射波长和狭缝宽度扫描，得到荧光激发波长和相应荧光强度关系的曲线，即荧光激发光谱。

（2）荧光发射光谱。固定荧光激发波长和狭缝宽度扫描，得到荧光发射波长和相应荧光强度关系的曲线，即荧光发射光谱。

荧光光谱仪的组成有光源、单色器（滤光片或光栅）、液池、检测器和显示器。荧光光谱仪与紫外－可见分光光度计有两点不同：①有两个单色器；②检测器与激发光互成直角。光源发出的光经第一单色器（激发光单色器），得到所需要的强度为I_0的激发光波长。通过液池，部分光线被荧光物质吸收。荧光物质被激发后，向四面八方发射荧光。为了消除入射光及杂散光的影响，荧光的测量在与激发光成直角的方向进行。经过第二单色器（荧光单色器），所需要的荧光与可能共存的其他干扰光分开。荧光照在检测器上，光信号变成电信号，经放大后，由记录仪记录。

1．光源

光源发出所需波长范围内的连续光谱，有足够的光强度，稳定。

（1）可见光区。可见光区的光源为钨灯、碘钨灯（波长为320～2 500 nm）。

（2）紫外区。紫外区的光源为氢灯、氘灯（波长为180～375 nm）。

（3）氙灯。紫外、可见光区均可用氙灯作为光源。

2．单色器

荧光光谱仪用滤光片作单色器。荧光光谱仪只能用于定量分析。

大多数荧光光谱仪采用两个光栅单色器，有较高的分辨率，能扫描图谱，既可获得激发光谱，又可获得荧光光谱。

（1）第一单色器的作用。第一单色器可分离出所需要的激发光，选择最佳激发波长λ_{ex}，用此激发光激发液池内的荧光物质。

（2）第二单色器的作用。第二单色器可滤掉一些杂散光和杂质所发射的干扰光，用来选择测定用的荧光波长λ_{em}。在选定的λ_{em}下测定荧光强度，进行定量分析。

3．样品池

样品池盛放测定溶液，通常是石英材料的方形池，四面都透光，用手拿时只能拿其棱或最上边。

4．检测器

检测器把光信号转化成电信号，放大，直接转成荧光强度。荧光的强度一般较弱，要求检测器有较高的灵敏度，荧光光谱仪采用光电倍增管。荧光光谱法比红外吸收光谱法具有高得多的灵敏度，这是因为荧光强度与激发光强度成正比，提高激发光强度可大大提高荧光强度。

5. 读出装置

记录仪记录或打印机打印结果，得到激发光谱和发射光谱。

实验四　分子荧光分析法测定阿司匹林中乙酰水杨酸和水杨酸

【实验目的】

（1）掌握分子荧光分析法进行多组分含量测定的原理及方法。
（2）熟悉分子荧光光度计的使用。
（3）了解乙酰水杨酸和水杨酸激发光谱和荧光光谱的区别。

【实验原理】

阿司匹林是一种解热镇痛药，其主要成分为乙酰水杨酸，乙酰水杨酸是由水杨酸、乙酸酐为原料合成的（图3－3）。乙酰水杨酸水解生成水杨酸，因此，在阿司匹林中，或多或少存在一些水杨酸。由于乙酸水杨酸和水杨酸都有苯环，且共轭程度较强，具有一定的荧光效率，因而在以三氯甲烷为溶剂的条件下可用荧光分析法测定（图3－4）。从乙酰水杨酸、水杨酸的激发光谱图和荧光光谱图中可以发现，乙酰水杨酸和水杨酸的激发光波长和发射光波长均不同，因此，可在乙酰水杨酸和水杨酸各自的激发光波长和发射光波长下分别测定。加入少许乙酸可以增加两者的荧光强度。

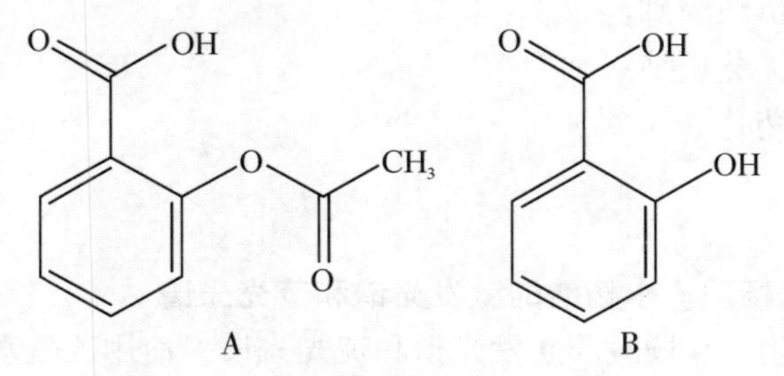

图3－3　乙酰水杨酸和水杨酸的分子结构

A：乙酰水杨酸；B：水杨酸。

【仪器与试剂】

1. 仪器与器皿

分子荧光光度计、石英比色皿、容量瓶、吸量管。

2. 试剂

（1）乙酰水杨酸储备液（0.4 mg · mL^{-1}）。称取0.400 g乙酰水杨酸，溶于1%的乙酸－三氯甲烷溶液中，用1%乙酸－三氯甲烷溶液定容至1 000 mL。

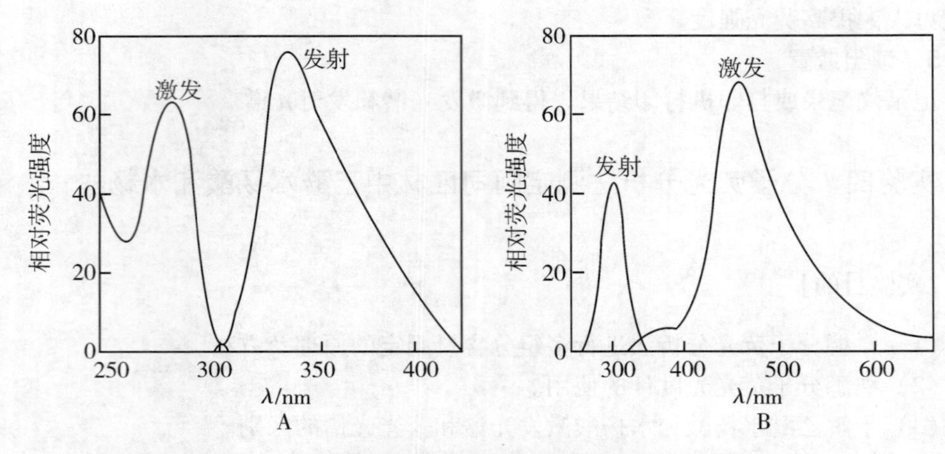

图3-4 乙酸-三氯甲烷中乙酰水杨酸和水杨酸的激发光谱和荧光光谱

A：激发光谱；B 荧光光谱。

（2）水杨酸储备液（0.75 mg·mL^{-1}）。称取0.750 g水杨酸，溶于1%的乙酸-三氯甲烷溶液中，用1%乙酸-三氯甲烷溶液定容至1 000 mL。

（3）乙酰水杨酸标准应用液（4.00 μg·mL^{-1}）。取乙酰水杨酸储备液1.0 mL，转移至100 mL容量瓶，用1%乙酸-三氯甲烷溶液定容。

（4）水杨酸标准应用液（7.50 μg·mL^{-1}）。取水杨酸储备液1.0 mL，转移至100 mL容量瓶，用1%乙酸-三氯甲烷溶液定容。

（5）乙酸。分析纯级别。

（6）三氯甲烷。分析纯级别。

（7）阿司匹林药片。

【实验步骤】

1. 绘制乙酰水杨酸、水杨酸的激发光谱和荧光光谱

绘制乙酰水杨酸、水杨酸的激发光谱和荧光光谱，使用乙酰水杨酸、水杨酸标准应用液分别扫描乙酰水杨酸、水杨酸的激发光谱和荧光光谱曲线，并分别找到它们的最大激发波长和最大发射波长。

2. 制作标准曲线

（1）乙酰水杨酸标准曲线。在5个50 mL容量瓶中，用吸量管分别加入4.00 μg·mL^{-1}乙酰水杨酸标准应用液2.0 mL、4.0 mL、6.0 mL、8.0 mL、10.0 mL，用1%乙酸-三氯甲烷溶液稀释至刻度，摇匀。在最大激发光波长和最大发射光波长条件下，分别测量它们的荧光强度。

（2）水杨酸标准曲线。在5个50 mL容量瓶中，用吸量管分别加入7.50 μg·mL^{-1}水杨酸标准应用液2.0 mL、4.0 mL、60 mL、8.0 mL、10.0 mL，用1%乙酸-三氯甲烷溶液稀释至刻度，摇匀。在最大激发光波长和最大发射光波长条

件下，分别测量它们的荧光强度。

3．阿司匹林药片中乙酰水杨酸和水杨酸的测定

取5片阿司匹林药片，精确称量，磨成粉末，精确称取400.00 mg，用1%乙酸－三氯甲烷溶液溶解，全部转移至100 mL容量瓶中，用1%乙酸－三氯甲烷溶液稀释至刻度。迅速用定量滤纸过滤，在与标准溶液同样条件下测量该滤液中水杨酸的荧光强度。

将上述滤液1 mL加入到1 000 mL容量瓶中，用1%乙酸三氯甲烷溶液稀释至刻度。在与标准溶液同样条件下测量该滤液中乙酰水杨酸的荧光强度。

【数据记录与处理】

（1）从绘制的乙酰水杨酸、水杨酸激发光谱图和荧光光谱图上，确定它们的最大激发光波长和最大发射光波长。

（2）分别绘制乙酰水杨酸和水杨酸的标准曲线，从标准曲线上确定试样溶液中乙酰水杨酸和水杨酸的浓度，并按式3－3、式3－4分别计算每克阿司匹林药片中乙酰水杨酸和水杨酸的含量（即质量分数，单位为$mg \cdot g^{-1}$）。

$$\text{水杨酸的质量分数} = \frac{1}{0.4} \times \frac{C_{SA}}{1\,000} \times 100 \quad (3-3)$$

$$\text{乙酰水杨酸的质量分数} = \frac{1}{0.4} \times 1\,000 \times \frac{C_{ASA}}{1\,000} \times 100 \quad (3-4)$$

式中，C_{SA}为在标准曲线上查到的水杨酸的质量浓度，单位为$\mu g \cdot mL^{-1}$；C_{ASA}为在标准曲线上查到的乙酰水杨酸的质量浓度，单位为$\mu g \cdot mL^{-1}$。

【注意事项】

阿司匹林药片溶解后要在1 h内完成测定，否则乙酰水杨酸的含量会降低，影响检测结果。

【思考题】

（1）请说明本实验可在同一溶液中分别测定2种组分的原因。

（2）标准曲线是直线吗？若不是，请解释。

第四章　原子光谱分析实验

第一节　原子发射光谱分析实验

【原理】

处于激发态的原子不稳定，当返回基态或较低能态时会发射特征谱线，即原子发射光谱。

原子发射光谱分析法是根据待测物质的气态原子或离子受激发后所发射的特征光谱的波长及其强度来测定物质中元素组成和含量的分析方法，一般简称为发射光谱分析法。

原子发射光谱仪与其他光谱仪的不同点在于：试样本身就是个辐射源，因此，不用外加辐射源；样品池则是火焰、电弧、火花或等离子体，它们既是样品容器，又为样品蒸发、解离或激发提供能量，使样品发射特征谱线。

光谱定性分析的基本原理是：不同元素的原子由于结构不同，发射谱线的波长也不同，即每一种元素的原子都有它自己的特征光谱线。光谱分析就是检测元素的特征光谱线是否出现，从而鉴别某种元素。

光谱定量分析的基本原理是：在一定条件下，这些特征光谱线的强度与试样中该元素的含量有关，通过测量元素特征光谱线的强度，可以测定元素的含量。

使试样在外界能量的作用下转变为气态原子，并使气态原子的外层电子激发至高能态；在激发态原子从较高能级跃迁到基态或其他较低能级的过程中，原子释放出多余的能量而发射出特征谱线；记录这些特征谱线而得出光谱图；根据所得的光谱图进行光谱定性分析或定量分析。

实验五　ICP-AES 测定水中的钙离子和镁离子

【实验目的】

（1）掌握原子发射光谱法的基本原理。

（2）了解应用电感耦合等离子体原子发射光谱（inductively coupled plasma atomic

emission spectrometry，ICP-AES）仪的基本结构和工作原理。

（3）掌握 ICP-AES 定量分析的操作及测试方法。

【实验原理】

ICP-AES 是将试样在等离子体光源中激发，使待测元素发射出特征波长的辐射，经过分光，测量其强度而进行定量分析的方法。当样品进入 ICP 光源后，样品中各元素吸收能量后发生电离，并以发射特征谱线（波长）的光的形式重新释放能量，每束发射光强度与该原子的数目成正比。根据标准溶液中各元素各浓度的绝对强度值，绘制样品中各元素的标准曲线，继而测定样品中各元素浓度，计算样品中相应各元素的含量。

【仪器与试剂】

1．仪器

全谱直读原子发射光谱仪、100 mL 容量瓶。

2．试剂

1 000 mg · L^{-1}钙标准储备液、1 000 mg · L^{-1}镁标准储备液、1 mg · L^{-1}锰标准溶液、超纯水、高纯氩气、5% 盐酸（优级纯）。

【实验步骤】

1．配制混合标准溶液

取 5 个 100 mL 容量瓶，分别加入 0.0 mL、0.5 mL、1.0 mL、2.0 mL、5.0 mL 1 000 mg · L^{-1} 钙标准储备液和 1 000 mg · L^{-1} 镁标准储备液，用 5% 盐酸稀释定容，摇匀，得到浓度分别为 0.0 μg · mL^{-1}、5.0 μg · mL^{-1}、10.0 μg · mL^{-1}、20.0 μg · mL^{-1} 和 50.0 μg · mL^{-1} 的混合标准溶液。

2．开机

依次打开光谱仪主机和计算机电源，打开氩气钢瓶气门。打开仪器控制软件，预热。

3．程序开发

在软件中选择“Mn 257.610 nm”检测线（用于等离子体观测位置校准），输入待测元素的检测波长等工作参数。

4．点燃等离子体

待光谱仪充分预热后，在确定空调、排风和水泵打开并且所有连锁报警信息都消除的情况下，点燃等离子体。

5．等离子体观测位置的校准

用 1 mg · L^{-1}锰标准溶液对等离子体观测位置进行校准。

6．标准曲线的测量

用浓度分别为 0.0 μg · mL^{-1}、5.0 μg · mL^{-1}、10.0 μg · mL^{-1}、20.0 μg · mL^{-1}

和 50.0 μg·mL^{-1} 的混合标准溶液绘制标准曲线。

7. 试样的测定

测量水中钙、镁离子含量，重复测定 5 次，并记录数据。

8. 清洗进样系统

测试结束后，用超纯水清洗进样系统 10 min。

9. 关机

熄灭等离子体，待检测器的温度降至室温后，关闭主机和计算机，关空调、排风、水泵和钢瓶气门。

【数据记录与处理】

（1）将测定值填入表 4－1，并计算钙、镁离子含量的平均值。

表 4－1 钙、镁离子含量

元素	测定次数					平均值
	1	2	3	4	5	
钙离子						
镁离子						

（2）计算相对标准偏差。

【注意事项】

（1）对等离子体观测位置进行校准时，要确保选择的校准波长为 Mn 257.610 nm。
（2）确保氩气钢瓶气门、水泵、排风、空调都打开后，才能点燃等离子体。
（3）测试结束后，要用超纯水充分清洗进样系统。

【思考题】

（1）原子发射光谱的原理是什么？
（2）等离子体是什么？其光源有什么特点？
（3）原子发射光谱法定性和定量分析的依据是什么？

实验六 ICP-AES 测定食品中的多种元素

【实验目的】

（1）了解 ICP-AES 光谱仪的基本结构和工作原理。
（2）掌握 ICP-AES 定量分析的操作及测试方法。
（3）了解灰化分解法处理试样的过程和注意事项。

【实验原理】

ICP-AES是将试样在等离子体光源中激发，使待测元素发射出特征波长的射线，经过分光，测量其强度而进行定量分析的方法。当样品进入ICP光源后，样品中各元素吸收能量后发生电离，并以发射特征谱线（波长）的光的形式重新释放能量，每束发射光强度与该原子的数目成正比。根据标准溶液中各元素各浓度的绝对强度值，绘制样品中各元素的标准曲线，继而测定样品中各元素浓度，计算样品中相应各元素的含量。

【仪器与试剂】

1．仪器与器皿

全谱直读原子发射光谱仪、马弗炉、100 mL容量瓶、50 mL容量瓶。

2．试剂

100 $mg \cdot L^{-1}$铝标准储备液、100 $mg \cdot L^{-1}$锰标准储备液、100 $mg \cdot L^{-1}$ 锌标准储备液、1 $mg \cdot L^{-1}$ 锰标准储备液、5% HNO_3（优级纯）、超纯水、高纯氩气。

【实验步骤】

1．制备试样溶液

取新鲜蔬菜的可食部分，用自来水和超纯水清洗干净，用干净的布擦去表面水分，捣碎备用。称取5 g上述试样，置于瓷坩埚中，在电热板上蒸干、炭化。待试样完全炭化后，转入马弗炉中，于550 ℃ 灰化4 h。取出后冷却至室温，置于5 mL 5% HNO_3溶液中煮沸，溶解残渣。冷却后，转入50 mL容量瓶中，用5% HNO_3溶液稀释定容。用同样方法制备空白溶液。

2．配制混合标准溶液

取5个100 mL容量瓶，分别加入0.0 mL、1.0 mL、2.0 mL、5.0 mL、10.0 mL浓度均为100 $mg \cdot L^{-1}$ 的铝标准储备液、锰标准储备液和锌标准储备液，用超纯水稀释定容，摇匀，得到浓度分别为0.0 $\mu g \cdot mL^{-1}$、1.0 $\mu g \cdot mL^{-1}$、2.0 $\mu g \cdot mL^{-1}$、5.0 $\mu g \cdot mL^{-1}$ 和10.0 $\mu g \cdot mL^{-1}$ 的混合标准溶液。

3．开机

依次打开光谱仪主机和计算机电源，打开氩气钢瓶气门。打开仪器控制软件，预热。

4．程序开发

在软件中选择“Mn 257.610 nm”检测线（用于等离子体观测位置校准），输入待测元素的检测波长等工作参数。

5．点燃等离子体

待光谱仪充分预热后，在确定空调、排风和水泵打开并且所有连锁报警信息都消除的情况下，点燃等离子体。

6. 等离子体观测位置的校准

用 1 mg · L^{-1}锰标准溶液对等离子体观测位置进行校准。

7. 标准曲线的测量

用浓度分别为 0.0 μg · mL^{-1}、5.0 μg · mL^{-1}、10.0 μg · mL^{-1}、20.0 μg · mL^{-1}和 50.0 μg · mL^{-1} 的混合标准溶液绘制标准曲线。

8. 试样的测定

依次测定空白和试样，并记录数据。

9. 清洗进样系统

测试结束后，用超纯水清洗进样系统 10 min。

10. 关机

熄灭等离子体，待检测器的温度降至室温后，关闭主机和计算机，关空调、排风、水泵和钢瓶气门。

【数据记录与处理】

按式 4－1 分别计算试样中铝、锰和锌的质量分数（μg · g^{-1}）：

$$\text{元素质量分数} = \frac{(\text{样品测定值} - \text{空白测定值}) \times \text{定容体积}}{\text{样品质量}} \times 100\% \tag{4-1}$$

【注意事项】

（1）对等离子体观测位置进行校准时，要确保选择的校准波长为 Mn 257.610 nm。

（2）确保氩气钢瓶气门、水泵、排风、空调都打开后，才能点燃等离子体。

（3）测试结束后，要用超纯水充分清洗进样系统。

【思考题】

（1）原子发射光谱法有什么特点？它的应用范围有哪些？

（2）原子发射光谱仪的光源选择有哪些要求？

第二节　原子吸收光谱分析实验

【原理】

原子吸收光谱法是基于从光源发出的特征射线在通过被测样品的原子蒸气时，被待测元素的基态原子所吸收，根据辐射的吸收程度测定待测元素的含量的方法（图 4－1）。

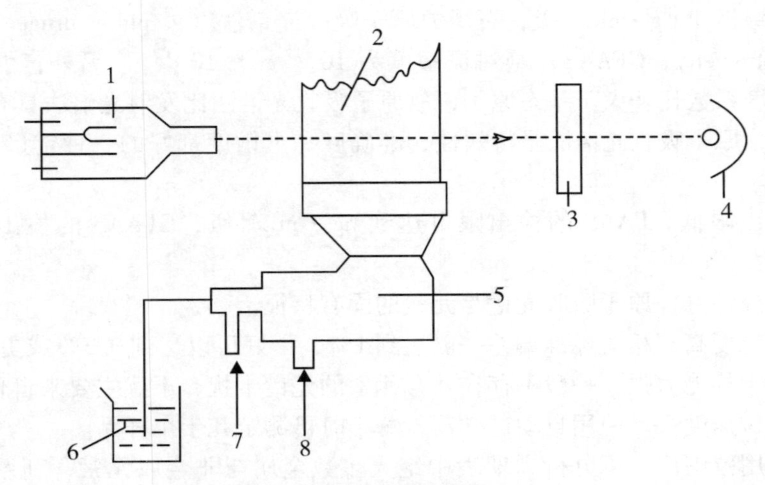

图4-1　原子吸收光谱分析示意

1：空心阴极灯；2：火焰；3：单色器；4：光电检测器；5：原子化系统；6：试液；7：助燃气；8：燃气。

在光源发射线的半宽度小于吸收线的半宽度（锐线光源）的条件下，光源的发射线通过一定厚度的原子蒸气，并被基态原子所吸收，吸光度 A 与原子蒸气中待测元素的基态原子数间的关系遵循朗伯-比尔定律：

$$A = \lg(I_0/I) = KN_0L \tag{4-2}$$

式中，I_0 和 I 分别为入射光和透射光的强度；N_0 为单位体积基态原子数；L 为光程长度；K 为与实验条件有关的常数。式4-2表示 A 与蒸气中基态原子数呈线性关系，常用的火焰温度低于3 000 K，火焰中基态原子占绝大多数，因此，可以用基态原子数 N_0 代表吸收辐射的原子总数。在实际工作中，要求测定的是试样中待测元素的浓度 c，在确定的实验条件下，试样中待测元素的浓度与蒸气中原子总数有确定的关系：

$$N_0 = ac \tag{4-3}$$

式中，a 为比例常数。将式4-3代入式4-2中，得：

$$A = KacL \tag{4-4}$$

式4-4就是原子吸收光谱法中的基本公式，它表示在确定实验条件下，A 与试样中待测元素浓度呈线性关系。由于原子的吸收线比发射线的数目少得多，因而光谱干扰少，选择性高。因为原子蒸气中基态原子比激发态原子多得多（例如，在2 000 K的火焰中，基态与激发态钙原子数之比为 1.2×10^7），所以原子吸收光谱法灵敏度高。火焰原子吸收光谱法（flame atomic absorption spectrometry，FAAS）的灵敏度是

1 ng · mL^{-1}级至 1 μg · mL^{-1}级，石墨炉原子吸收光谱法（graphite furnace atomic absorption spectrometry，GFAAS）绝对灵敏度为 10^{-14} g ～ 10^{-12} g。另外，由于激发态原子数的温度系数显著大于基态原子，故原子吸收光谱法比发射光谱法具有更佳的信噪比。因此，原子吸收光谱法是特效性、准确度和灵敏度都好的一种定量分析方法，其优点如下。

（1）检出限低。FAAS 的检出限可达到 ng · mL^{-1}级，GFAAS 的检出限可达到 10^{-14} ～ 10^{-12} g。

（2）选择性好。原子吸收光谱是元素的固有特征。

（3）精密度高。相对标准偏差一般达到 1%，最好可以达到 0. 3% 或更低。

（4）抗干扰能力强。一般不存在共存元素的光谱干扰，干扰主要来自化学干扰。

（5）分析速度快。使用自动进样器，每小时可测定几十个样品。

（6）应用范围广。可分析周期表中绝大多数金属与非金属元素，利用联用技术可以进行元素的形态分析。用间接原子吸收光谱分析法可以分析有机化合物，还可以进行同位素分析。

（7）样品用量小。FAAS 进样量一般为 3 ～ 6 mL，微量进样量为 10 ～ 50 μL，GFAAS 液体的进样量为 10 ～ 30 μL，固体进样为毫克级。

（8）操作简便。仪器设备相对比较简单，操作简便。

原子吸收光谱法的不足之处是：主要用于单元素的定量分析，标准曲线的动态范围通常小于 2 个数量级。

实验七　原子吸收分光光度法测定茯苓中的铜

【实验目的】

（1）熟练掌握 Vario 6 原子吸收分光光度计的使用方法。

（2）掌握标准加入法分析未知试样。

【实验原理】

茯苓是常用中药。其性平味甘淡，入心、肺、脾经，具有渗湿利水、健脾和胃、宁心安神的功效，可治小便不利、水肿胀满、脾虚泄泻、痰饮咳嗽、痰湿入络、肩背酸眠等。茯苓还能养心安神，具有抗癌的作用。

由于环境遭受污染，各种中药也不同程度地受到污染。其中，重金属污染会严重危害人体健康。重金属中的铅主要损害神经系统、造血系统、心血管系统及消化系统；高浓度的铜具有溶血作用，能引起肝、肾坏死。因此，检测中药中的重金属含量非常重要。

重金属测定的标准方法为原子吸收分光光度法。

原子吸收光谱定量分析常用的方法有工作曲线法、标准加入法和内标法等。三种分析计算方法在不同的分析条件下有一定的区别。

火焰原子化法在被分析试样的基体效应比较复杂（如溶液的黏度、表面张力和火焰因素等的影响）时，由于被分析试样溶液的物理性质和化学性质不能在标准溶液中较为精确地体现出来，以及无法配制与被测试样浓度相匹配的标准样品，此时采用标准加入法是较为合适的。

标准加入法的基本原理如下。

根据 c 与信号净响应值成正比，可得：

$$A = Kc \tag{4-5}$$

式中，K 为常数。未知样品的浓度为 c_x，测得其 A_x 为：

$$A_x = Kc_x \tag{4-6}$$

在未知样品中加入浓度为 c_s 的标准溶液，测得其 A_s 为：

$$A_s = K(c_s + c_x) \tag{4-7}$$

联合式4-6、式4-7，解得：

$$c_x = c_s \times [A_x/(A_s - A_x)] \tag{4-8}$$

当 $A_s = 0$ 时，可得：

$$c_x = -c_s \tag{4-9}$$

A 与 c 关系曲线的外延线与横坐标相交的一点是稀释后样品的浓度（或含量），由此可求得被测样品的含量。

【仪器与试剂】

1. 仪器

Vario 6 原子吸收分光光度计（含铜空心阴极灯、空气压缩机和乙炔等）、MK-Ⅲ型光纤压力自控密闭微波溶样系统。

2. 试剂

10 μg/mL 铜标准溶液、硝酸（优级纯）、盐酸（优级纯）、1% 盐酸、茯苓粉、高纯水。

【实验步骤】

1. 样品的处理

（1）样品溶液的制备。取茯苓样品粗粉 0.5 g，精密称定，置于聚四氟乙烯消解罐内，加硝酸 3 ～ 5 mL，混匀，浸泡过夜。盖好内盖，旋紧外套，置于微波消解炉内，以 0.5 MPa 3 min、1 MPa 4 min 的消化条件进行微波消解。消解完全后，取消解内罐置电热板上，缓缓加热至红棕色蒸气挥发尽，并继续缓缓浓缩至 2 ～ 3 mL。冷却后，用高纯水转入 25 mL 比色管中，并用高纯水稀释至刻度，摇匀，配成待测试样溶液。用同样的方法同时制备试剂空白溶液。

（2）配备不同浓度的加标溶液。分别取 2 mL 待测试样溶液于 5 个 50 mL 容量瓶中，依次加入 10 μg/mL 铜标准溶液 0.0 mL、0.5 mL、3.0 mL、4.5 mL、6.0 mL，用二次蒸馏水定容，配成不同浓度的加标溶液。

2. 标准加入法测定茯苓中的铜

（1）根据表 4 - 2 的测定条件设定仪器参数。

表 4 - 2　原子吸收光谱仪的设定条件

元素	波长/nm	灯电流/mA	光谱通带/nm	压缩空气流量/（L·h^{-1}）	乙炔流量/（L·h^{-1}）	燃烧器高度/mm	扣背景
铜	324.8	3.0	1.2	400	50	6	氘灯扣背景

（2）按浓度从低到高的顺序依次测定系列加标溶液的 A，制作标准曲线。

（3）测定试样溶液 A，求出待测元素含量。

【数据记录及处理】

1. 加标溶液 A 的测定

将数据记录在表 4 - 3。

表 4 - 3　茯苓中铜的吸光度 A

标准溶液编号	1 号	2 号	3 号	4 号	5 号
加入加标溶液体积/mL					
加入加标溶液浓度/（μg·mL^{-1}）					
平均 A					
空白溶液 A					
扣除空白后的 A					

2. 直线外推法确定待测试样溶液中铜元素含量及标准曲线的绘制

以加标溶液浓度为横坐标，制作扣除空白后 A 与加标溶液浓度的关系曲线。将曲线外推至与横坐标相交，读取交点的坐标值，其绝对值即为 1 号加标溶液，即稀释后的待测试样溶液中铜元素含量。

表 4 - 4 为标准曲线数据。

表4－4　标准曲线数据

相关系数 R	斜率 S/ [A/(mg·L^{-1})]	特征浓度 [(mg·L^{-1})/1%A]	横坐标交点坐标值

得出稀释后的待测试样溶液中铜元素含量（μg·mL^{-1}）。

3．茯苓样品中铜元素含量测定

将茯苓样品中铜元素含量测定结果填在表4－5。

表4－5　茯苓样品中铜元素含量

称样量/g	稀释倍数	待测试样溶液浓度/(μg·mL^{-1})	铜元素含量/(μg·g^{-1})

【思考题】

（1）原子吸收光谱仪的开机顺序是怎样的？原子吸收光谱仪测定铜的最佳条件如何选择？

（2）在该实验中配制各种金属离子的标准溶液及样品液时，为什么要加入各种底液？

（3）空白溶液的含义是什么？为什么在测定试样前要用空白溶液进行调零？

（4）简述标准加入法与工作曲线法的原理与区别，它们分别适合哪些类型的样品的定量分析。

（5）请简述3种火焰（包括中性火焰、富燃火焰和贫燃火焰）的特点及分别适合用来分析哪些元素。

实验八　原子吸收光谱法测定自来水中的钙和镁

【实验目的】

（1）掌握火焰原子吸收光谱仪的操作技术。

（2）掌握标准曲线法测定自来水中钙、镁含量的方法。

【实验原理】

钙、镁是水质硬度形成的最重要的两种元素。《生活饮用水卫生标准》（GB 5749—2006）中规定，饮用水中以碳酸钙为总硬度计算，其限度为450 mg·L^{-1}。水中钙、镁元素含量的测定方法主要是EDTA配位滴定法；但该方法很难排除水中其他离子（如铁、锰离子）的干扰，共存离子对指示剂指示终点也有影响。特别是我国南方地区水样中水质硬度比较小，使用滴定法往往难以得到准确的浓度。

本实验采用火焰原子吸收光谱法测定钙、铁，其灵敏度较高，干扰也容易控制、消除。基体中共存的铝、钛、铁、硫酸根、硅酸根对测定有干扰，一般采用氯化镧或氯化锶可消除。

【仪器与试剂】

1. 仪器及操作条件

AA-6300C 型原子吸收分光光度计，钙、镁空心阴极灯，乙炔气体钢瓶，空气压缩机，高温电热板，烧杯（250 mL），容量瓶（50 mL、100 mL、1 000 mL），吸量管（1 mL、2 mL、5 mL、10 mL）。

应用 AA-6300C 型原子吸收分光光度计测定钙、镁的仪器操作条件见表 4－6。

表 4－6　AA-6300C 型原子吸收分光光度计测定钙、镁的仪器操作条件

元素	波长/nm	灯电流值/mA	光谱带宽/nm	气体类型	燃气流量/(L·min^{-1})	助燃气流量/(L·min^{-1})	燃烧器高度/mm
钙	422.7	10	0.7	乙炔－空气	2.0	15	7
镁	285.2	8	0.7	乙炔－空气	1.8	15	7

2. 试剂

碳酸钙（分析纯）、盐酸（优级纯）、金属镁（光谱纯）、自来水样品。

3. 标准溶液的配制

（1）钙标准储备液（1 000 μg·mL^{-1}）。准确称取 2.497 1 g 碳酸钙，预先在 110 ～ 120 ℃ 干燥至恒量，置于 250 mL 烧杯，加入 20 mL 去离子水，然后滴加体积比为 1∶1 的盐酸至完全溶解，再加入 10 mL 盐酸。煮沸以除去二氧化碳。取下冷却，移入 1 000 mL 容量瓶中，用去离子水稀释至刻度，摇匀。

（2）钙标准溶液（100 μg·mL^{-1}）。准确吸取 10.00 mL 上述钙标准储备液于 100 mL 容量瓶中，用去离子水稀释至刻度，摇匀备用。

（3）镁标准储备液（1 000 μg·mL^{-1}）。准确称取 1.000 0 g 金属镁于 250 mL 烧杯中，加入 20 mL 去离子水，慢慢加入 20 mL 体积比为 1∶1 的盐酸。待溶解完全后，冷却，移入 1 000 mL 容量瓶中。用去离子水稀释至刻度，摇匀。

（4）镁标准溶液（100 μg·mL^{-1}）。准确吸取 10.00 mL 上述镁标准储备液于 100 mL 容量瓶中，用去离子水稀释至刻度，摇匀备用。

【实验步骤】

1. 钙系列浓度标准溶液的配制

（1）钙系列浓度标准溶液。准确吸取 5.00 mL、10.00 mL、20.00 mL、

30.00 mL、40.00 mL、50.00 mL 钙标准溶液（100 μg · mL^{-1}），分别置于 6 个 100 mL 容量瓶中，用去离子水稀释至刻度，摇匀备用。该系列钙标准溶液的浓度分别为：5.00 μg · mL^{-1}、10.00 μg · mL^{-1}、20.00 μg · mL^{-1}、30.00 μg · mL^{-1}、40.00 μg · mL^{-1}、50.00 μg · mL^{-1}。

（2）镁系列浓度标准溶液。准确吸取 1.00 mL、2.00 mL、4.00 mL、6.00 mL、8.00 mL、10.00 mL 镁标准溶液（100 μg · mL^{-1}），分别置于 6 个 100 mL 容量瓶中，用去离子水稀释至刻度，摇匀备用。该系列镁标准溶液的浓度分别为：1.00 μg · mL^{-1}、2.00 μg · mL^{-1}、4.00 μg · mL^{-1}、6.00 μg · mL^{-1}、8.00 μg · mL^{-1}、10.00 μg · mL^{-1}。

2. 自来水样品溶液的配制

吸取 10.00 mL 自来水样品于 100 mL 容量瓶中，用去离子水稀释至刻度，摇匀待测。

【注意事项】

（1）乙炔钢瓶阀门旋开不要超过 1.5 圈，否则丙酮易逸出。

（2）实验时，一定要打开通风设备，将原子化后产生的金属蒸气排出室外。

（3）用排废液管检查水封，防止回火。

（4）点火前，先打开空气压缩机，使压力输出稳定至需要值；再打开乙炔钢瓶阀门，并调节减压阀使乙炔输出压力符合规定压力值。实验结束后，先关闭乙炔钢瓶总阀门，使气路里面的乙炔燃烧尽，再关闭空气压缩机。

（5）实验结束后，用去离子水喷几分钟，清洗原子化系统。

（6）自来水样品的 A 应在接近标准曲线的中部为好，否则可改变自来水样品的体积。

【数据记录与处理】

（1）在坐标纸上或使用 Excel、Origin 软件绘制钙、镁标准曲线。

（2）根据测得自来水样品的 A，在上述标准曲线上分别查得钙、镁的含量。若经稀释，需乘上相应稀释倍数，求得自来水样品中钙、镁的含量，单位为 μg · mL^{-1}。

【思考题】

（1）在本实验中，测量自来水样品的 A 时并未添加消除干扰的物质，为什么？如果测量试样的成分较复杂，应该如何进行测定？

（2）简述标准曲线法的特点及其应用范围。

（3）为什么自来水试样的 A 应在接近标准曲线的中部为好？

第三节　原子荧光光谱分析实验

【原理】

原子荧光光谱分析法是通过测量待测元素的原子蒸气在辐射能激发下产生的荧光发射强度来测定待测元素含量的方法。

原子荧光光谱是气态原子吸收光辐射后，由基态跃迁到激发态，再通过辐射跃回基态或较低的能态时产生的二次光辐射。

原子荧光光谱分析法是原子光谱分析法中的一个重要分支，是介于原子发射光谱法（atomic emssnon spectrometry，AES）和原子吸收光谱法（atomic absorption spectrometry，AAS）之间的光谱分析技术，它的基本原理是：固态、液态样品在消化液中经过高温加热，发生氧化还原、分解等反应后转化为清亮液态。将含分析元素的酸性溶液在预还原剂的作用下，转化成特定价态，与还原剂 KBH_4 反应后产生氢化物和氢气。在载气（氩气）的推动下氢化物和氢气被引入原子化器（石英炉）中并原子化。特定的基态原子（一般为蒸气状态）吸收特定频率的辐射，部分激发态原子在去激发过程中以光辐射的形式发射出特征波长的荧光，运用检测器测定原子发出的荧光而实现对元素的痕量分析。

实验九　水中痕量镉、汞的原子荧光光谱分析

【实验目的】

（1）掌握用原子荧光光谱法测定痕量镉、汞的基本原理和方法。

（2）掌握原子荧光分光光度计的操作。

【实验原理】

镉和汞均是具有蓄积作用的有害元素，因此，监测各类环境样品中的镉和汞的含量、控制人体内镉和汞的摄入量是控制其危害的重要预防措施。

将待测元素转化为气态，从而与基体分离的蒸气发生技术和原子光谱法联用能提高测定灵敏度；因为待测元素与共存基体分离，所以又可在一定程度上消除分子吸收或光散射引起的非特征光损失和其他共存元素的干扰。但该方法目前仅局限于少量元素。

【仪器与试剂】

1．仪器

AFS-230E 双道原子荧光分光光度计、附带断续流动全自动进样器、AS-2 镉高性能空心阴极灯、AS-2 汞高性能空心阴极灯、高纯氩气钢瓶（作为屏蔽气及载气）。

2．试剂

盐酸（优级纯）、氢氧化钠溶液（5 $g \cdot L^{-1}$）、硼氢化钠溶液（15 $g \cdot L^{-1}$。称取 1.5 g 硼氢化钠并溶解于 5 $g \cdot L^{-1}$ 氢氧化钠溶液中，稀释至 100 mL）、铁氰化钾溶液（50 $g \cdot L^{-1}$）、硫脲溶液（50 $g \cdot L^{-1}$）、镉标准使用液（1 000 $mg \cdot L^{-1}$）、镉标准使用液（100 $\mu g \cdot L^{-1}$）、汞标准溶液（1 000 $mg \cdot L^{-1}$）、汞标准使用液（20 $\mu g \cdot L^{-1}$）、盐酸（0.30 $mol \cdot L^{-1}$）。

本法所用试剂皆用超纯水配制，实验所用玻璃器皿均用 20% 硝酸溶液浸泡过夜处理。

【实验步骤】

1．实验方法

（1）仪器条件。光电倍增管负高压：280 V；灯电流：镉灯 60 mA、汞灯 20 mA；原子化器高度：9 mm；载气流速：500 $mL \cdot min^{-1}$；屏蔽气流速：800 $mL \cdot min^{-1}$；积分方式：峰面积；延迟时间：2 s；读数时间：15 s。

（2）标准曲线。分别吸取 100 $\mu g \cdot L^{-1}$ 镉标准溶液和 20 $\mu g \cdot L^{-1}$ 汞标准溶液 0.0 mL、1.0 mL、2.0 mL、3.0 mL、4.0 mL、5.0 mL 于 50 mL 容量瓶，加入 1.25 mL 盐酸，再加入 50 $g \cdot L^{-1}$ 铁氰化钾溶液 2 mL、50 $g \cdot L^{-1}$ 硫脲溶液 5 mL，用超纯水定容至刻度，摇匀。配制成含镉浓度分别为 0 $\mu g \cdot L^{-1}$、2 $\mu g \cdot L^{-1}$、4 $\mu g \cdot L^{-1}$、6 $\mu g \cdot L^{-1}$、8 $\mu g \cdot L^{-1}$、10 $\mu g \cdot L^{-1}$，含汞浓度分别为 0 $\mu g \cdot L^{-1}$、0.4 $\mu g \cdot L^{-1}$、0.8 $\mu g \cdot L^{-1}$、1.2 $\mu g \cdot L^{-1}$、1.6 $\mu g \cdot L^{-1}$、2.0 $\mu g \cdot L^{-1}$ 的混合标准系列溶液。

2．仪器参数的选择

（1）光电倍增管负高压的选择。随着负高压的增加，相对荧光强度也增加，但信号和噪声水平也同时增加，因此，在满足检测灵敏度要求的情况下，尽可能选择较低的负高压。本方法选择负高压为 280 V。

（2）灯电流的选择。随着灯电流的增加，荧光强度也相应增强，但过大的灯电流会缩短灯的寿命，还可能产生自吸收。本方法选择镉灯电流为 60 mA，汞灯电流为 20 mA。

（3）镉和汞荧光强度积分方式和时间的选择。仪器对镉和汞荧光强度的测量方式可以根据情况选择峰高或峰面积积分。本方法选择峰面积积分方式，这有利于将氢化物发生、传输过程中的不稳定因素带来的测定波动降至最低，提高镉和汞的测定精度。通过实验发现，镉的峰值在 2 s 时升至最高，汞的峰值在 1 s 时已达最高。综合两元素同时测定条件考虑，本方法选择延迟读数时间为2 s，积分时间为15 s。

（4）电炉丝是否点火加热的确定。一般情况下，通过加热方式来进行原子化。研究表明，镉的蒸气产生后，在不加热的情况下就已经开始原子化，电炉丝未点火加热也能测定，这点和汞的测定相同；但在点火加热原子化时，记忆效应明显减少。最终本方法选择点火加热进行原子化。

（5）原子化器高度的选择。分别将原子化器高度调至7～12 mm后测定镉和汞标准溶液的荧光强度。实验结果表明，镉元素在原子化器高度为8～9 mm时荧光强度最大，汞元素在原子化器高度为10～12 mm时荧光强度最大。综合镉和汞同时测定因素考虑，本方法选择原子化器高度为9 mm。

（6）屏蔽气及载气流速的选择。分别将载气流速调至300～700 $mL \cdot min^{-1}$，将屏蔽气流速调至500～1 100 $mL \cdot min^{-1}$，测定镉和汞标准溶液的荧光强度。实验结果表明，载气流量过大会稀释原子化器内待测元素的浓度，导致荧光强度减小；而载气流量过小，火焰则不稳定。综合考虑后，本方法确定采用载气、屏蔽气流量分别为500 $mL \cdot min^{-1}$ 和800 $mL \cdot min^{-1}$。

【思考题】

（1）比较原子吸收分光光度计和原子荧光分光光度计在结构上的异同点。

（2）水中的痕量镉和汞为什么能同时进行测定？

实验十　原子荧光光谱法测定茶叶中的硒

【实验目的】

（1）学习原子荧光光谱分析中样品前处理方法——微波消解法。

（2）掌握原子荧光光谱法测定茶叶中硒的分析方法。

【实验原理】

试样经酸加热消化后，在6 $mol \cdot L^{-1}$盐酸介质中，试样中的六价硒被还原成四价硒。用硼氢化钠或硼氢化钾作还原剂，在盐酸介质中的四价硒被还原成硒化氢（H_2Se），由载气（氩气）带入原子化器中进行原子化。在硒空心阴极灯照射下，基态硒原子被激发至高能级，再去活化回到基态时，发射出特征波长的荧光，其荧光强度与硒含量成正比。与标准系列溶液比较定量，样品中硒元素的含量为：

$$w = \frac{(c - c_0) \times V}{m \times 1\,000} \qquad (4-10)$$

式中，w为样品中硒的含量，单位为$\mu g \cdot g^{-1}$；c为试样消化液测定浓度，单位为

μg · L^{-1}；c_0 为试样空白溶液测定浓度，单位为 μg · L^{-1}；V 为样品消化后的定容体积，单位为 mL；m 为样品质量，单位为 g。

【仪器与试剂】

1. 仪器

AFS-9230 原子荧光分光光度计、硒空心阴极灯、MARS 5 微波消解仪、恒温赶酸器。

2. 试剂

（1）1 000 mg · L^{-1}硒标准储备液。直接量取 GBW（E）080995 硒单元素溶液标准物质，或准确称取 1. 000 0 g 光谱纯硒，溶于少量硝酸中。加入 2 mL 高氯酸，置沸水浴中加热 3 ～ 4 h。冷却后，再加入 84 mL 盐酸。再置沸水浴中加热 2 min，准确稀释至 1 000 mL，其盐酸浓度为 0.1 mol · L^{-1}。

（2）10. 00 mg · L^{-1}硒标准工作液。吸取 1. 0 mL 1 000 mg · L^{-1} 硒标准储备液于 100 mL 容量瓶中，用超纯水定容，摇匀备用。

（3）100. 00 μg · L^{-1}硒标准工作液。吸取 1. 0 mL 10. 00 mg · L^{-1}硒标准储备液于 100 mL 容量瓶中，用超纯水定容，摇匀备用。

（4）10 g · L^{-1}硼氢化钾溶液。称取 2 g 氢氧化钾溶于 200 mL 超纯水中，加入 10 g 硼氢化钾并使之溶解，用纯水稀释至 1 000 mL。

（5）100 g · L^{-1} 铁氰化钾溶液。称取 10. 0 g 铁氰化钾，溶于 100 mL 水中，混匀。

【实验步骤】

1. 样品处理

称取 2 份 0. 500 0 g 样品，置于干燥的微波消解罐中，分别加入 5 mL 硝酸和 1 mL 过氧化氢溶液，同时，做空白试剂实验。按照表 4 – 7 的微波消解程序进行消解。消解液冷却后，将消解液转入锥形瓶中，在电热板上继续加热至剩余体积约 2 mL，切不可蒸干。再加 5. 0 mL 盐酸（与水的体积比为 1∶1），继续加热至溶液变为清亮无色并伴有白烟出现，六价硒被还原成四价硒。冷却，转移试样，用超纯水定容至 25. 0 mL，摇匀制得待测样品 1 号和 2 号，空白溶液 3 号和 4 号。

表 4 –7　微波消解程序

阶段	功率/W	使用功率/%	温度/℃	升温时间/min	保持时间/min
1	1 600	100	100	10	5
2	1 600	100	140	6	10
3	1 600	100	170	5	10

2. 原子荧光分光光度计的常规操作

打开仪器灯室，将硒灯安放到适宜的灯位上。打开计算机电源、主机电源和顺序注射或双泵电源，运行仪器程序。

对仪器进行自检，点击“点火”按钮。按照表4－8参数设置仪器操作条件和标准曲线浓度等。调节灯高和炉高到最佳位置。仪器运行预热1 h。

表4－8 仪器操作条件

项目	仪器参数	项目	仪器参数
光电倍增管负高压/V	320	氩气压力/MPa	0.2～0.3
原子化器温度/℃	200	载气流量/(mL·min^{-1})	400
原子化器高度/mm	8	屏蔽气流量/(mL·min^{-1})	900
灯电流/mA	80	读数时间/s	15

3. 仪器的调试

仪器的调试步骤为：①进入测量方式。②压上蠕动泵压块。③完成灯电流、原子化器高度等测量条件的优化与调节。

4. 标准系列溶液及样品溶液的配制

（1）标准系列溶液。分别吸取100.00 μg/L 硒标准工作液0 mL、0.50 mL、1.00 mL、2.00 mL、4.00 mL、5.00 mL于6个50 mL容量瓶中，各加入2.0 mL浓盐酸、1.0 mL抗干扰剂（铁氰化钾溶液），用纯水稀释定容，摇匀。

（2）样品溶液。分别吸取10 mL消化液、空白对照液于25 mL容量瓶中，加入2.0 mL浓盐酸、1.0 mL抗干扰剂（铁氰化钾溶液），用纯水定容，摇匀。

5. 标准曲线的绘制与样品的测定

选中标准空白和标准曲线各点，点击“区域测量”，完成标准曲线的绘制。选中样品空白和样品各点，点击“区域测量”，进行样品的测定，并自动计算出样品中的硒浓度（单位为μg·L^{-1}）。

6. 关机

测量结束后，用纯水清洗进样系统20 min，关闭仪器电源，关闭氩气，打开蠕动泵压块。

7. 编辑、打印报告

返回主页，进行报告编辑与打印。

【注意事项】

（1）在测量过程中，要注意气液分离器中不能有积液。如果废液喷进原子化器，会影响测量精度、污染炉芯，还会减少炉丝的使用寿命。

（2）测试结束后，一定要将载流管、进样管和还原剂管放入蒸馏水中，运行清洗程序，清洗结束后排空；并打开压块，放松泵管。

【思考题】

（1）在实际样品分析时造成空白值偏高的主要原因是什么？

（2）测定硒时加入铁氰化钾溶液的作用是什么？

（3）测定硒时加入与水的体积比为 1∶1 的盐酸的作用是什么？

第五章　电化学分析实验

第一节　电位分析实验

【原理】

用一个指示电极和一个参比电极，或者用两个指示电极，与待测试液组成电池，然后测量粗电池的电动势的变化或指示电极电位的变化以进行分析的方法，被称为电位分析法。

电位分析法的依据是能斯特方程：

$$\varphi = \varphi^{\theta} + \frac{RT}{nF}\ln\frac{\alpha_{Ox}}{\alpha_{Red}} \tag{5-1}$$

式中，φ 为电极电位（单位为V）；φ^{θ} 为标准电极电位（单位为V）；α_{Ox} 为氧化态的活度（单位为 $mol \cdot L^{-1}$）；α_{Red} 为还原态的活度（单位为 $mol \cdot L^{-1}$）；n 为电极反应转移的电荷数；F 为法拉第常数，$F = 96\,487\ C \cdot mol^{-1}$；$R$ 为气体常数，$R = 8.314\ J \cdot mol^{-1} \cdot K^{-1}$；$T$ 为绝对温度（单位为K）。

25 ℃时，式5－1变为式5－2：

$$\varphi = \varphi^{\theta} + \frac{0.059}{n}ln\frac{\alpha_{Ox}}{\alpha_{Red}} \tag{5-2}$$

式5－2给出电极电位与溶液中对应离子活度的简单关系。

对于氧化还原体系，应用式5－2，通过测定一个可逆电池的电位来确定溶液中某组分的离子活度或浓度的方法就是电位测定法。

电位分析法包括电位测定法和电位滴定法。

电位测定法是选用适当的指示电极浸入待测试液，测量其相对于参比电极的电位，再由能斯特方程直接求得待测物质的浓度（活度）。

电位滴定法是向试液中滴加能与被测物发生化学反应的已知浓度的试液，根据滴定过程中某个电极电位的突变来确定滴定终点，再根据滴定剂的体积和浓度来计算待测物的含量。

电位分析法中通常有两种电极：指示电极和参比电极。电极电位随分析物质活度变化的电极，被称为指示电极。分析中与被测物质活度无关、电位比较稳定、提供测量电位参考的电极，被称为参比电极。常用的指示电极有金属指示电极和 pH 玻璃电极。常用的参比电极有甘汞电极和银 – 氯化银电极。

实验十一 电导法测定实验纯净水的纯度

【实验目的】

(1) 掌握电导法测定水纯度的基本原理和方法。
(2) 熟悉电导池常数的测定方法和电导率仪的使用方法。
(3) 了解电导率仪的结构。

【实验原理】

电解质溶液中，正负离子在外加电场的作用下定向移动，并在电极上发生电化学反应而传递电子，因此，电解质溶液具有导电的能力。导电能力的强弱可用电导 G（单位为 S）或电导率 κ（单位为 $S \cdot cm^{-1}$）表示。电导、电导率与电导池常数的关系式为：

$$\kappa = G\theta = G\frac{L}{F} \tag{5-3}$$

式中，F 为电极面积，单位为 cm^2；L 为电极间的距离，单位为 cm；θ 为电导池常数，单位为 cm^{-1}。对于一个给定的电极，F 和 L 都是固定不变的，θ 是常数。

电导率 κ 是溶液中电解质含量的量度。电解质含量高的水，电导率大。因此，用电导率可以判定水的纯度或测定溶液中电解质的浓度，也可以用来初步评价天然水受导电物质的污染程度。25 ℃ 时，纯水的理论电导率为 $5.48 \times 10^{-2}\ \mu S \cdot cm^{-1}$，一般分析实验室使用的蒸馏水或去离子水的电导率要求小于 $1\ \mu S \cdot cm^{-1}$。

用电导率仪测定溶液电导率的方法为：一般使用已知电导池常数的电导电极，读出电导值后再乘以电极的电导池常数，即得被测溶液的电导率。

【仪器与试剂】

1. 仪器与器皿

电导率仪（配备铂光亮电极和铂黑电极）、温度计、恒温槽、1 000 mL 容量瓶、50 mL 烧杯等。

2. 试剂

配制氯化钾标准溶液（$0.01\ mol \cdot L^{-1}$）。将氯化钾于 120 ℃ 干燥 4 h 后，准确称取0.745 6 g，加入纯水（电导率小于0.1 μS · cm^{-1}）。溶解后，转入1 000 mL容量瓶，定容，储存于塑料瓶中备用。

【实验步骤】

1．预热

打开电导率仪电源开关，预热30 min，用蒸馏水洗涤电极。

2．电导池常数 θ 的测定

（1）参比溶液法。清洗电极，量取0.01 mol · L^{-1}氯化钾标准溶液约30 mL，倒入50 mL烧杯中。将电极插入该溶液中，并接上电导仪，调节仪器及溶液温度为25 ℃，测定其电导 G_{KCl}。查该温度下0.01 mol · L^{-1}氯化钾溶液的电导率，可计算得出电导池常数。

（2）比较法。用1支已知电导池常数（θ_s）的电极和1支未知电导池常数的电极（θ_x），测量同一溶液的电导。清洗这2支电极，以同样的温度插入溶液中，依次把它们接到电导仪上，分别测出其电导为 G_s 和 G_x，按下式计算电导池常数：

$$\theta_x = \theta_s \times \frac{G_s}{G_x} \quad (5-4)$$

选用合适的方法分别测定所选光亮铂电极和铂黑电极的电导池常数。

3．去离子水、蒸馏水、市售纯净水电的导率测定

（1）调节常数补偿旋钮。调节“电导池常数”补偿旋钮，使仪器显示值与所用电极电导池常数一致；调节“温度”补偿旋钮，使其指向待测溶液的温度值。

（2）测量。分别用去离子水、蒸馏水、市售纯净水润洗3个烧杯2～3次，然后分别倒入约30 mL的待测液，选用光亮铂电极并插入试液中，将量程开关旋至合适的量程挡。待显示稳定后，将读数乘以量程，乘积即为被测溶液的电导率。各重复测定3次，取平均值。

4．自来水、河水的电导率测定

用待测水样润洗烧杯2～3次，然后倒入约30 mL的水样，选用铂黑电极并插入试液中。其他按照“2．电导池常数 θ 的测定”中的步骤测定水样电导率。

【数据记录与处理】

将电导率结果填在表5－1。

表5－1　水样电导率的测定

待测水样	电导率/（S · m^{-1}）
去离子水	
蒸馏水	

（续表5-1）

待测水样	电导率/($S \cdot m^{-1}$)
市售纯净水	
自来水	
河水	

【注意事项】

（1）测定电导率时应采用交流电源。交流电源有高频（1 000 Hz）和低频（50 Hz）2种。测定电导率小的溶液使用低频，测定电导率大的溶液使用高频。为确保测量精度，电极使用时应用电导率小于0.5 $\mu S \cdot cm^{-1}$ 的蒸馏水（或去离子水）冲洗2次，然后用被测试样冲洗2～3次方可测量。

（2）对于电导低（小于5 μS）的溶液，用铂光亮电极；对于电导高（5 μS～150 mS）的溶液，用铂黑电极。电导池常数出厂时都有标记，一般不需要测定。但电极在长期使用过程中，其面积及两极间距离可能发生变化而引起电导池常数改变，因此，应定期标定。

（3）电导随温度升高而增大。通常情况下温度每升高1 ℃，电导率增加2.0%～2.5%，因此，在测量过程中，温度必须保持不变。

【思考题】

（1）电导法测量高纯水的纯度时，在空气中放置时间增加，电导率会增大，为什么？

（2）为什么要定期测定电极的电导池常数？如何测定？

第二节 伏安分析实验

【原理】

伏安分析法是一种特殊的电解方法。它以小面积、易极化的电极为工作电极，以大面积、不易极化的电极为参比电极组成电解池，电解被分析物质的稀溶液，由所测得的电流-电压特性曲线来进行定性和定量分析。以滴汞电极作为工作电极的伏安分析法被称为极谱法，它是伏安分析法的特例。

伏安分析法的工作电极如下。

（1）汞电极。汞电极包括挤压式悬汞电极、挂吊式悬汞电极、汞膜电极（以石墨电极为基质，在其表面镀上一层汞得到）。

（2）其他固体电极。其他固体电极包括玻碳电极、铂电极和金电极等。汞电极不适合在校正电位下工作，而固体电极则可以。

伏安分析法包含电解富集和电解溶出两个过程。电解富集过程是将工作电极固定在产生极限电流电位进行电解，使被测物质富集在电极上。为了提高富集效果，可同时使电极旋转或搅拌溶液，以加快被测物质输送到电极表面。富集物质的量则与电极电位、电极面积、电解时间和搅拌速度等因素相关。

实验十二　循环伏安法测定亚铁氰化钾

【实验目的】

（1）学习固体电极表面的处理方法。

（2）掌握循环伏安仪的使用技术。

（3）了解扫描速率和浓度对循环伏安图的影响。

【实验原理】

循环伏安法（cyclic voltammetry）是一种常用的电化学研究方法。该法以不同的速率控制电极势，随时间以三角波形一次或多次反复扫描，使电极上能交替发生不同的还原和氧化反应，并记录电流－电势曲线。根据曲线形状可以判断电极反应的可逆程度，中间体、相界吸附或新相形成的可能性，以及偶联化学反应的性质等。循环伏安法常用来测量电极反应参数，判断其控制步骤和反应机理，并反映整个电势扫描范围内可发生哪些反应及其性质。对于一个新的电化学体系，首选的研究方法往往就是循环伏安法，可称之为“电化学的谱图”。该法除使用汞电极外，还可以用铂电极、金电极、玻璃碳电极、碳纤维微电极及化学修饰电极等。循环伏安法可以改变电位以得到氧化还原电流方向。

铁氰化钾离子 $[Fe(CN)_6]^{3-}$－亚铁氰化钾离子 $[Fe(CN)_6]^{4-}$ 氧化还原电对的标准电极电位为：

$$[Fe(CN)_6]^{3-} + e^- \rightleftharpoons [Fe(CN)_6]^{4-}$$

$$\varphi^\theta = 0.36\ V(vs.\ NHE)$$

电极电位与电极表面活度的能斯特方程为：

$$\varphi = \varphi^{\theta'} + \frac{RT}{F} \cdot \ln(c_{Ox} / c_{Red}) \tag{5-5}$$

在一定的扫描速率下，从起始电位（-0.2 V）正向扫描到转折电位（$+0.8$ V）期间，溶液中 $[Fe(CN)_6]^{4-}$ 被氧化成 $[Fe(CN)_6]^{3-}$，产生氧化电流；当负向扫描从转折电位（+0.8 V）变到起始电位（-0.2 V）时，在指示电极表面生成的 $[Fe(CN)_6]^{3-}$ 被还原生成 $[Fe(CN)_6]^{4-}$，产生还原电流。为了使液相传质过程只受扩散控制，应在电解质和溶液处于静止下进行电解。在 0.1 $mol \cdot L^{-1}$ 氯化钠溶液中，$[Fe(CN)_6]^{4-}$ 的扩散系数为 0.63×10^{-5} $cm \cdot s^{-1}$；电子转移速率大，为可逆体系（1 $mol \cdot L^{-1}$ 氯化钠溶液中，25 ℃ 时，标准反应速率常数为 5.2×10^{-2} $cm \cdot s^{-1}$）。溶液中的溶解氧具有电活性，可通入惰性气体除去。

【仪器与试剂】

1. 仪器

LK98B Ⅱ型微机电化学分析系统、三电极工作体系（铂电极、铂丝电极、饱和甘汞电极）、电子天平、CQ25-12 超声波清洗仪。

2. 试剂

亚铁氰化钾（分析纯）、氧化铝粉末（粒径 0.05 μm）、氯化钠（分析纯）。

【实验步骤】

1. 指示电极的预处理

用氧化铝粉末将电极表面抛光，然后用去离子水清洗。

2. 支持电解质的循环伏安图

在电解池中倒入 0.1 $mol \cdot L^{-1}$氯化钠溶液，插入电极，以新处理的铂电极为指示电极，铂丝电极为辅助电极，饱和甘汞电极为参比电极，进行循环伏安仪设定，扫描速率为 100 $mV \cdot s^{-1}$，起始电位为 -0.2 V，终止电位为 +0.8 V。开始循环伏安扫描，记录循环伏安图。

3. 不同浓度亚铁氰化钾溶液的循环伏安图

分别作 0.02 $mol \cdot L^{-1}$、0.04 $mol \cdot L^{-1}$、0.08 $mol \cdot L^{-1}$、0.12 $mol \cdot L^{-1}$、0.16 $mol \cdot L^{-1}$ 的亚铁氰化钾溶液（均含支持浓度为 0.1 $mol \cdot L^{-1}$的电解质 NaCl 溶液）循环伏安图。

4. 不同扫描速率亚铁氰化钾溶液的循环伏安图

在 0.04 $mol \cdot L^{-1}$ 亚铁氰化钾溶液中，分别以 100 $mV \cdot s^{-1}$、150 $mV \cdot s^{-1}$、200 $mV \cdot s^{-1}$、250 $mV \cdot s^{-1}$、300 $mV \cdot s^{-1}$ 扫描速率，在 -0.2 ～ +0.8 V 扫描，记录循环伏安图。

【数据记录与处理】

（1）从亚铁氰化钾溶液的循环伏安图测量氧化峰电流 ι_{pa}、还原峰电流 ι_{pc}、φ_{pa}、φ_{pc}，说明亚铁氰化钾在氯化钾溶液中电极过程的可逆性。

（2）分别以 ι_{pa}、ι_{pc}对亚铁氰化钾溶液的浓度作图，说明峰电流与浓度的关系。

（3）分别以 ι_{pa}、ι_{pc}对 $\upsilon^{1/2}$ 作图，说明峰电流与扫描速率的关系。

【注意事项】

（1）实验前，电极表面要处理干净。
（2）扫描过程要保持溶液静止。

【思考题】

循环伏安法定量分析的理论依据是什么？如何作标准曲线？

实验十三　用阳极溶出伏安法测定水样中的痕量的铜和镉

【实验目的】

（1）掌握阳极伏安法的基本原理。
（2）熟悉用阳极溶出伏安法测定水中痕量铜和镉的方法。

【实验原理】

伏安分析法包括阳极溶出伏安法和阴极溶出伏安法。阳极溶出伏安法是一种将富集和测定结合在一起的电化学方法。此法先将待测金属离子在一定的电压条件下富集于工作电极，然后将电压由从负到正的方向扫描，使还原的金属从电极上氧化溶出，并记录溶出时的伏安曲线（氧化波），根据氧化波的高度或面积确定被测物的含量（图5－1）。

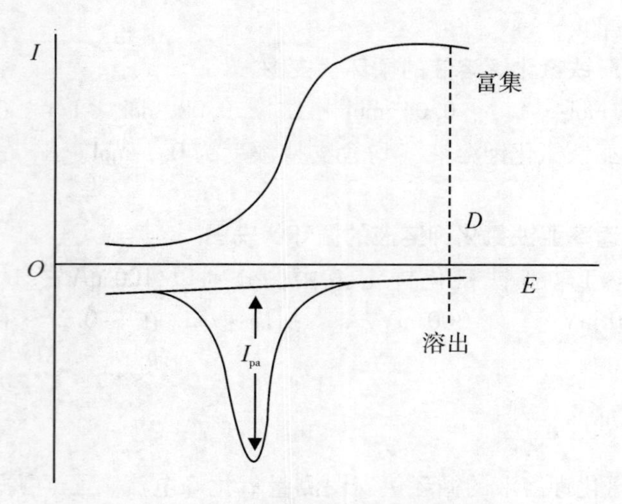

图5－1　阳极溶出伏安曲线

D：扩散系数；E：电动势。

阳极溶出伏安法的全过程可表示为：

$$Mn^{n+} + ne^- + Hg \underset{溶出}{\overset{富集}{\rightleftharpoons}} Me(Hg)$$

溶出是富集的逆过程，但富集是缓慢的积累，溶出是突然的释放，因而作为信号的法拉第电流大大增加，从而提高测定的灵敏度。

通常将汞膜电极作为工作电极，采用非化学计量的富集法，即无须使溶液中全部待测离子都富集在工作电极上，这样可以缩短富集时间，加快分析速度。待测组分经过预先的富集，在溶出时迅速氧化，使检测信号（溶出峰电流）迅速增加，因此，阳极溶出伏安法有较高的灵敏度。

影响峰电流大小的因素主要有富集电位、预电解的时间、搅拌的速度、电极的面积、电极的位置、溶出时电位的扫描速度等，因此，必须使测定的各种条件保持一致。

商品化的溶出伏安仪均采用自动控制阴极（阳极）电位的三电极体系，即在常用电解池中除了阳极和阴极外，增加一个参比电极，组成三电极体系。

用标准曲线法和标准加入法，均可进行定量测定。标准加入法的计算公式为：

$$c_x = \frac{h \cdot c_s \cdot V_s}{H(V_x + V_s) - h_x V_x} \tag{5-6}$$

式中，c_x 为试样的浓度；h_x 为试样的溶出峰高；H 为加入标准溶液后的溶出峰高；c_s 为所加标准液的浓度；V_s 为所加标准液的体积；V_x 为试样的体积。

若加入标准溶液的体积非常小，式 5-6 可以简化为式 5-7 来计算浓度：

$$c_x = \frac{h \cdot c_s \cdot V_s}{(H - h_x) V_x} \tag{5-7}$$

因此，伏安分析法有较高的灵敏度。

本实验以乙酸－乙酸钠为支持电解质（pH 为 5.6），以玻碳汞膜电极为工作电极，以银－氯化银电极为参比电极，以铂电极为辅助电极，在 −1.2 V 处富集，然后溶出。根据峰高及溶出电位，可对铜和镉同时进行定性、定量测量。

【仪器和试剂】

1. 仪器

电化学分析仪、玻碳汞膜电极、铂辅助电极、银－氯化银电极三电极体系、电磁搅拌器、电解杯（100 mL 高型烧杯）、25 mL 移液管、1 mL 吸量管、氮气瓶。

2. 试剂

10 μg · mL^{-1} 铜标准溶液、10 μg · mL^{-1} 镉标准溶液、乙酸－乙酸钠缓冲溶液

（将 95 mL 的 2 mol · L^{-1} 乙酸溶液和 95 mL 的 2 mol · L^{-1} 乙酸钠溶液混合均匀而制成）、0.01 mL · L^{-1} 硫酸溶液。试样溶液铜的质量浓度约为 0.02 μg · mL^{-1}，镉的质量浓度约为 0.2 μg · mL^{-1}。

【实验步骤】

1. 玻碳汞膜电极的制备

于电解杯中加入 25 mL 二次蒸馏水和数滴硫酸溶液。将玻碳电极抛光洗净后浸入溶液中，以玻碳电极为工作电极，以铂电极为辅助电极，控制阴极电位 -1.0 V，通氮气搅拌，电镀 5 ～ 10 min，即得玻碳汞膜电极。

2. 连接仪器

连接好仪器，参考以下参数：①富集电位：-1.2 V；②富集时间：30 s；③扫描速率：100 mV · s^{-1}；④扫描范围：-1.2 ～ +0.1 V；⑤氧化清洗电位及时间：0.1 V，30 s。设定富集电位、富集时间、静止时间、扫描速率、扫描范围、氧化清洗电位及时间等。

3. 水样的测定

（1）准确移取 25.00 mL 水样于电解杯中，加入 0.5 mL 乙酸 - 乙酸钠缓冲溶液，将玻碳汞膜电极、铂辅助电极、银 - 氯化银电极和通气搅拌管浸入溶液中，调节适当的氮气流量，并使之稳定。按仪器说明运行仪器，由记录仪记录溶出伏安曲线。Cd^{2+} 先溶出，Cu^{2+} 后溶出。将富集和溶出过程至少重复 1 次，以获得稳定的溶出伏安曲线。

（2）准确移取 25.00 mL 水样于电解杯中，依次加入 0.4 mL 10 μg/mL Cd^{2+} 标准溶液、0.1 mL 10 μg/mL Cu^{2+} 标准溶液、0.5 mL 乙酸 - 乙酸钠缓冲溶液，按照步骤（1）的测定条件运行仪器，由记录仪记录溶出伏安曲线。将富集和溶出过程多重复几次，以获得稳定的溶出伏安曲线。

【数据记录及处理】

1. 数据记录及处理

（1）记录实验条件。

（2）根据峰值电流及标准加入法公式（式 5 - 6 和式 5 - 7），计算水样中 Cd^{2+}、Cu^{2+} 的质量浓度，以 μg · mL^{-1} 为单位。得到各金属离子的峰高 h，再加入 0.5 mL 的混合标准溶液，再次测定，得到各金属离子加入标准溶液后的峰高 H。

2. 电极的处理

（1）玻碳汞膜电极的操作条件要求严格，电极表面的处理与沾污对波谱影响很大，故经常用无水乙醇、氨水或乙醇 - 乙酸乙酯（1∶1）混合液擦拭，必要时应抛光表面。

（2）玻碳汞膜电极表面抛光在抛光布轮上进行，抛光材料最好用氧化镁或碳酸钙；条件不允许时亦可用牙膏在绒布上抛光。抛光后一定要在 2 mol · L^{-1} 盐酸中浸泡，然后在 1 $mol \cdot L^{-1}$ 氨水和 1 $mol \cdot L^{-1}$ 氯化铵溶液中处理。

（3）银－氯化银电极的处理。氯化前用药棉擦去污粉，擦净银电极表面，用蒸馏水冲洗干净。以银电极为阳极，以铂电极为阴极，外加 0.5 V 电压，在 0.1 $mol \cdot L^{-1}$ 盐酸中氯化，使银电极表面逐渐呈暗灰色，即得银－氯化银电极。为使制备的电极性能稳定，可再以银电极为阴极，以铂电极为阳极，外加 1.5 V 电压，使银－氯化银电极还原，表面变白，然后再氯化。如此反复几次，即成。

【思考题】

（1）阳极溶出伏安法的原理是什么？

（2）阳极溶出伏安法为什么有较高的灵敏度？

（3）为了获得在线的溶出峰，实验时应注意什么？

第三节　库仑分析实验

【原理】

库仑分析法是根据电解过程中消耗的电量，依据法拉第定律来确定被测物质含量的方法。库仑分析法分为恒电流库仑分析法和控制电位库仑分析法两种。在电解过程中，电极上发生的电化学反应与溶液中通过电量的关系可用法拉第定律表示：

$$m = \frac{MQ}{Fn} = \frac{M}{n} \cdot \frac{It}{96\,487} \qquad (5-8)$$

式中，Q 为通过电解池的电量（单位为 C）；n 为电极反应中转移的电子数；F 为法拉第常数；M 为摩尔质量（单位为 $g \cdot mol^{-1}$）；m 为析出物质的质量（单位为 g）；I 为电解时的电流强度（单位为 A）；t 为电解时间（单位为 s）。

法拉第定律的含义如下。

（1）电极上发生的量与通过体系的电量成正比。

（2）通过相同量的电量时，电极上沉积的各物质的质量与 M/n 成正比。

库仑分析法是基于电量的测量，因此，通过电解池的电流必须全部用于电解被测物质，不应当发生副反应和漏电现象，即保证电流效率为 100%，这是库仑分析法的关键。

控制电位库仑分析法是直接根据被测物质在电解过程中所消耗的电量来求其含量的方法。其基本装置与控制电位电解法相似，电路与库仑计串联。电解池中除工作电极和对电极外，尚有参比电极，它们共同组成电位测量与控制系统。

在电解过程中，控制工作电极电位保持恒定，使被测物质以 100% 的电流效率进行电解，当电解电流趋于零时，指示该物质已被完全电解。如果用与之串联的库仑计精确测量使该物质完全电解所需的电量，即可由法拉第定律计算其含量。因此，可在电解池装置的电解电路中串入一个能精确测量电量的库仑计（图5-2）。

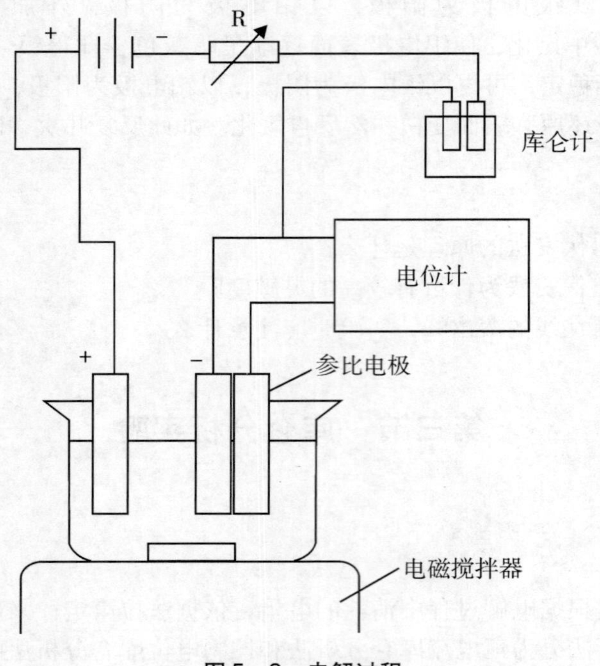

图5-2 电解过程

在控制电位库仑分析法中，电流随时间而变化，并为时间的复杂函数，因此，电解过程中消耗的电量不能简单地根据电流与时间的乘积来计算，而要采用库仑计或电流-时间积分仪进行测量。

从理论上讲，恒电流库仑分析法可以按2种方式进行。

（1）直接法。直接法是以恒定电流进行电解，被测定物质直接在电极上起反应，测量电解完全时所消耗的时间，再由法拉第定律计算并分析结果。

（2）间接法（库仑滴定法）。在试液中加入适当的辅助剂后，以一定强度的恒定电流进行电解，由电极反应产生一种“滴定剂”，该滴定剂与被测物质发生定量反应。当被测物质作用完后，用适当的方法指示终点并立即停止电解。由电解进行的时间 t（单位为s）及电流强度 I（单位为A），可按法拉第定律计算被测物的量：

$$m = \frac{ItM_s}{96\ 487} \tag{5-9}$$

式中，M_s 为析出金属的质量。

一般都按第2种方式进行，因为第一种方式很难保证电极反应专一和电流效率为100%。

实验十四　库仑滴定法测定硫代硫酸钠

【实验目的】

（1）掌握库仑滴定法的原理以及永停终点法指示滴定终点的方法。
（2）应用法拉第定律计算未知物浓度。

【实验原理】

在酸性介质中，0.1 mol·L^{-1}碘化钾溶液在铂阳极上电解产生“滴定剂”I_2 来滴定 $S_2O_3^{2-}$，滴定反应为：

$$I_2 + 2S_2O_3^{2-} \rightleftharpoons S_4O_6^{2-} + 2I^-$$

用永停终点法指示终点。根据法拉第定律，由电解时间和通入的电流计算 $Na_2S_2O_3$ 浓度。

【仪器与试剂】

1. 仪器

自制恒电流库仑滴定装置或商品库仑计、铂片电极 4 支（约 0.3 cm×0.6 cm）。

2. 试剂

0.1 mol·L^{-1}碘化钾溶液。称取 1.7 g 碘化钾溶于 100 mL 蒸馏水中，待用。未知浓度的硫代硫酸钠溶液。

【实验步骤】

连接线路，铂工作电极接恒电流源的正极，铂辅助电极接负极并将其装在玻璃套管中（图 5－3）。在电解池中加入 5 mL 0.1 mol·L^{-1} KI 溶液，放入搅拌磁子，插入 4 支铂电极，并加入适量蒸馏水使电极刚好浸没，玻璃套管中也加入适量 KI 溶液。用永停终点法指示终点，并调节加在铂指示电极上的直流电压至 50 ～ 100 mV。开启库仑滴定计恒电流源开关，调节电解电流为 1.00 mA。此时，铂工作电极上有 I_2 产生，回路中有电流显示（若使用检流计，则其光点开始偏转），应立即用滴管滴加几滴稀 $Na_2S_2O_3$ 溶液，使电流回至原值（或检流计光点回至原点）并迅速关闭恒电流源开关。这一步称为预滴定，可将碘化钾溶液中的还原性杂质除去。仪器调节完毕，开始进行库仑滴定测定。

准确移取 1.00 mL 未知浓度的硫代硫酸钠溶液于上述电解池中，开启恒电流源开关，同时，记录时间，开始库仑滴定，直至电流显示器上有微小电流变化（或检流计光点慢慢发生偏转），立即关闭恒电流源开关，并记录电解时间，完成第 1 次测定。然后进行第 2 次测定。重复测定 3 次。

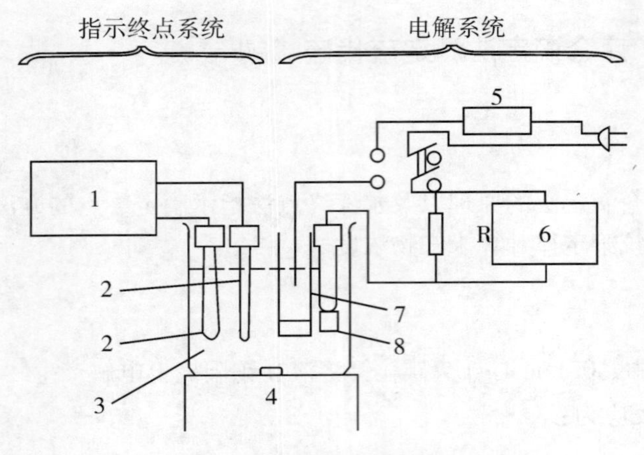

图 5-3　库仑滴定装置

1：pH 计或 mV 计；2：电极；3：电解池；4：搅拌器；5：计时器；6：恒流源；7：铂辅助电极；8：铂工作电极。

【数据处理与分析】

（1）按照式 5-10，计算 $Na_2S_2O_3$ 浓度（单位为 $mol \cdot L^{-1}$）：

$$[Na_2S_2O_3] = \frac{It}{96\,485V} \tag{5-10}$$

式中，电流 I 的单位为 mA，电解时间 t 的单位为 s，试液体积 V 的单位为 mL。

（2）计算浓度的平均值和标准偏差。

【注意事项】

（1）电极的极性切勿接错，若接错必须仔细清洗电极。

（2）保护管中应放 KI 溶液，使铂电极浸没。

【思考题】

（1）试说明永停终点法指示终点的原理。

（2）写出铂工作电极和铂辅助电极上的反应。

（3）每次试液必须准确移取，为什么？

（4）本实验中是将铂阳极还是铂阴极隔开？为什么？

实验十五　库仑滴定法测定维生素 C

【实验目的】

（1）掌握库仑滴定法的基本原理。

（2）掌握库仑滴定法测定维生素 C 含量的实验技术。

【实验原理】

维生素 C 又名抗坏血酸，是人体不可缺少的重要物质。维生素 C 具有还原性，可以用氧化剂进行定量滴定。本实验采用电解 KI 溶液生成的 I_2 作为滴定剂与维生素 C 定量反应，根据电解过程中消耗的电量计算维生素 C 的含量。在电解电极上的反应为：

$$\text{阳极：}3I^- - 2e^- = I_3^-$$

$$\text{阴极：}2H^+ + 2e^- = H_2\uparrow$$

阳极反应的产物 I_2 与维生素 C 进行定量反应：

```
                      O                                          O
           H        /   \                             H        /   \
    HC —— C — CH          C ══O + I3⁻ = HC —— C — CH           C ══O + 3I⁻ + 2H⁺
    |     |    |          |              |    |    |           |
    OH    OH   C  ══════  C              OH   OH   C  ———————  C
               |          |                        ‖           ‖
               OH         OH                       O           O
```

为判断滴定终点，采用一对铂电极作为指示电极，在两电极间加上一个较低的电压，约 200 mV。在滴定计量点以前，溶液中没有可逆的氧化还原电对存在，因此，指示电极上无电流通过；在计量点之后，溶液中存在过量碘，可以在指示电极上发生如下反应：

$$\text{阳极：}3I^- - 2e^- = I_3^-$$

$$\text{阴极：}I_3^- + 2e^- = 3I^-$$

这时，可以观察到指示电极上的电流明显增大，指示滴定终点的到达。

【仪器与试剂】

1. 仪器

KLT－1 型通用库仑仪、磁力搅拌器、电解池、铂片电解阳极 1 支、铂丝电解阴极 1 支、铂片指示电极 1 对、1 mL 吸量管、100 mL 量筒、托盘天平。

2. 试剂

KI 固体、1 mol · L^{-1} H_2SO_4 溶液、维生素 C 溶液（约 0.01 mol · L^{-1}，需要现配现用）。

【实验步骤】

1. 电解液的配制

在电解池中加入约 5 g KI 固体、10 mL 1mol · L^{-1} H_2SO_4 溶液，再加入 90 mL 去离子水。加入磁子，开动搅拌器。待 KI 固体全部溶解后，用滴管取少许电解液加入阴极套管中，使阴极套管中的液面以略高于电解池中的液面为宜。

2. 仪器的设定

安装好电极，将电极引线与电极及仪器后插孔连接好。注意：在电解电极引线中，红色引线接一对铂片电极作为阳极，黑色引线接铂丝电极作为阴极，不可接错。

开启电源以前，所有按键都应处于释放位置。“工作/停止”开关处于停止位置，“电解电流量程”置于 10 mA，“电流微调”调至最大位置。

开启电源开关，预热约 10 min。将“电流/电位”选择键置于电流位置，“上升/下降”选择键置于上升位置。这样，仪器将以电流上升作为确定滴定终点的依据。

按住极化电位键，调节极化电位器至所需极化电位值（约为 250 mV），松开极化电位键。

3. 预电解

在电解池中加入几滴维生素 C 溶液，按下启动键，按下电解按钮，将“工作/停止”开关置于工作位置。电解开始，电流表指针缓慢向右偏转，同时，电量显示值不断增大。当电解至终点时，指针突然加速向右偏转，红色指示灯亮，电解自动停止，电量显示值也不再变化。将“工作/停止”开关置于停止位置，释放启动键。预电解结束。

4. 电解

准确移取 1.00 mL 维生素 C 溶液于电解池中，按照上述预电解步骤进行正式电解，记录到达终点时的电量值。重复上述操作 3 ～ 5 次。电解液可以反复使用，不用更换。若电解池中溶液过多，可倒出部分后继续使用。

5. 电解池清洗

实验完成后，关闭电源，拆除电极引线。清洗电解池及电极，并在电解池中注入去离子水。

【数据记录与处理】

根据电解过程中消耗的电量计算样品溶液中维生素 C 的含量。

【注意事项】

由于维生素 C 溶液在空气中不稳定，因此，应在测定前配制使用。

【思考题】

除了维生素 C，还有哪些药物可以用此方法测定？

第六章　色谱分析实验

第一节　薄层色谱分析实验

【原理】

平面色谱的定性参数包括比移值和相对比移值，用以表征组分在色谱系统中的保留行为。

（1）比移值（retardation factor value，R_f）。平面色谱中常用R_f表示各组分在色谱中的位置。其定义为一定条件下组分移动距离与流动相移动距离之比，即原点至斑点中心的距离 L 与原点至溶剂前沿的距离 L_0 之比，其关系式为：

$$R_f = \frac{L}{L_0} \tag{6-1}$$

试样经展开后为 A、B 两组分（图 6－1），其 R_f 分别为：$R_{f(A)} = \frac{L_1}{L_0}$，$R_{f(B)} = \frac{L_2}{L_0}$。

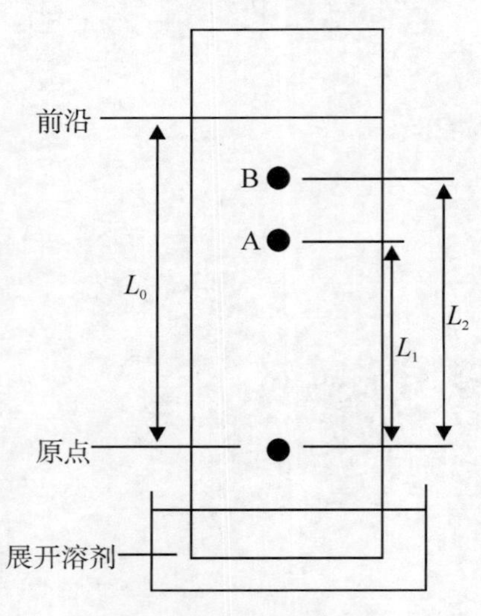

图 6－1　薄层色谱试样展开

当色谱条件一定时，组分的 R_f 是常数，其值在 0 ～ 1。当 R_f 为 0 时，表示组分不随展开剂展开，停留在原点；当 R_f 为 1 时，表示组分完全不被固定相所保留，即组分随展开剂同步展开至溶剂前沿。实际工作中，要求被分离组分的 R_f 在 0.2 ～ 0.8，最佳范围是 0.3 ～ 0.5。

由于 R_f 受被分离组分的结构和性质、固定相和流动相的种类和性质、展开缸溶剂蒸气的饱和度、温度、湿度等因素的影响，要想得到重复的 R_f，就必须严格控制色谱条件的一致性。在不同实验室、不同实验者之间进行同一物质 R_f 的比较是很困难的，因此，定性分析时一般要求样品与标准品同板点样展开（随行标准），或采用相对比移值定性。

（2）相对比移值（relative retardation factor value，R_{st}）。R_{st} 是指被测组分的 R_f 值与参考物质的 R_f 值之比，即被测组分的移动距离与参考物质的移动距离之比，其关系式为：

$$S_f = \frac{R_{f(i)}}{R_{f(s)}} = \frac{\text{原点到样品斑点中心的距离}}{\text{原点到溶剂前沿的距离}} = \frac{L_1}{L_2} \qquad (6-2)$$

式中，$R_{f(i)}$ 和 $R_{f(s)}$ 分别为组分 i 和参考物质 s 在相同条件下的比移值。参考物质可以是试样中的某一已知组分，也可以是加入试样中的某物质的纯品。S_f 可以大于 1，也可以小于 1，与 R_f 的取值范围相关。R_f 与被测组分、参考物质、色谱条件等因素相关，在一定程度上消除了测定中的系统误差，具有较高的重现性和可比性。

分离度（R）是平面色谱的重要分离参数，表示两个相邻斑点的分离程度，以相邻 2 个斑点中心的距离与其平均斑点宽度之比表示，即：

$$R = \frac{d}{\frac{W_1 + W_2}{2}} = \frac{2d}{W_1 + W_2} \qquad (6-3)$$

式中，d 为相邻两斑点中心间的距离，W_1、W_2 分别为两斑点的宽度。在薄层扫描图上，d 为相邻两色谱峰的峰间距，W_1、W_2 分别为两色谱峰宽（图 6-2）。

因此，相邻两斑点之间的距离越大，斑点越集中，分离度就越大，分离效能越好。在平面色谱中，$R > 1$ 较适宜。

薄层色谱法是平面色谱中应用较广泛的方法，其方法为：将固定相均匀涂布于洁净的玻璃板、塑料板或铝箔板上，形成一均匀的薄层并进行活化，将试样溶液和对照溶液点在同一薄层板的一端，在密闭的容器（展开缸）中用适当的溶剂展开，各组分由于吸附或分配作用的不同逐渐分离，根据斑点的颜色、位置和大小等进行定性、定量分析。

相对于柱色谱，薄层色谱法具有以下特点：①分离能力较强，一次展开可分离多个组分，且分析结果直观；②分析速度快，一般只需展开十几分钟至几十分钟；③灵敏度高，能检出几微克的物质；④试样处理简单，显色方便，检测成分广；⑤所用仪

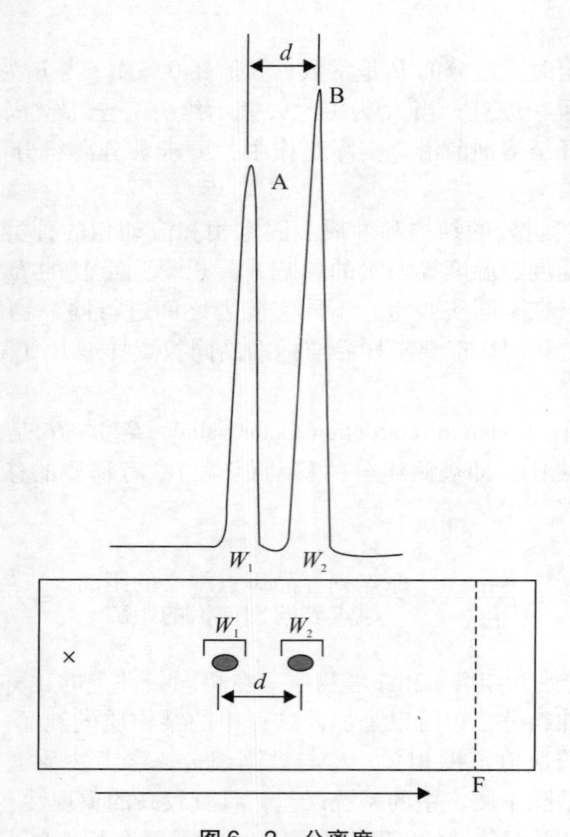

图6－2 分离度

X：样品的标记位置；F：溶剂前沿。

器简单，操作方便；⑥既能分离大量样品，也能分离微量样品。

薄层色谱的分离机制与柱色谱法相同，主要包括吸附薄层色谱法、分配薄层色谱法和分子排阻薄层色谱法等，其中，以吸附薄层色谱法应用最多。

薄层色谱条件的选择原则为：用于色谱类型及固定相的选择的薄层色谱法，一般先选择吸附薄层色谱，根据被分离物质的性质（如极性、酸碱性及溶解度）选择合适的吸附剂。硅胶和氧化铝是吸附薄层色谱中较常用的吸附剂，如有机酸、酚类、醛类等酸性和中性物质的分离，首先选择硅胶，其次也可选择酸性氧化铝。进行生物碱、醛、酮及对酸、碱、不稳定的苷类、酯、内酯等物质的分离，常选择中性氧化铝。进行碳氢化合物、生物碱等对碱稳定的碱性和中性物质的分离，常选择碱性氧化铝。进行异构体的分离，常选择硅胶吸附薄层色谱。分离黄酮、酚、酸、硝基醌、羰基等易形成氢键的多元酚类化合物时，常选择聚酰胺。分离亲脂性化合物时，常选择硅胶、氧化铝、乙酰化纤维素及聚酰胺。分离亲水性化合物时，常选择纤维素、离子交换纤维素、硅藻土及聚酰胺等。但也有例外，例如，脂溶性叶绿素在氧化铝及纤维素上都能分离（表6－1）。

柱色谱常用的吸附剂在薄层色谱中基本都能应用，只是薄层色谱用的粒度更小，一般为 200 ～ 300 目。常见的薄层色谱固定相、分离机制及主要应用范围见表 6－1。

表 6－1　常见的薄层色谱固定相、分离机制及适用范围

薄层	分离机制	适用范围
DIOL 板	弱阴离子交换色谱法	甾体、激素
纤维素	分配色谱法	氨基酸、羧酸、碳氢化合物
离子交换纤维素	阴离子交换	氨基酸、肽、酶、核苷酸、核苷
离子交换剂	阳离子及阴离子交换	氨基酸、核酸水解产物、氨基糖、抗生素、肽合成中外消旋体的分离
聚酰胺	基于氢键的吸附色谱	黄酮类、酚类
葡聚糖凝胶	凝胶过滤	蛋白质、核苷酸等
活性炭	吸附色谱	非极性物质
氧化铝板	吸附色谱	生物碱、甾体、萜类、脂肪及芳香族化合物
硅胶板	吸附色谱	广泛应用于各种化合物
C_2、C_8、C_{18} RP 板	正相及反相色谱	非极性物质（类脂、芳香族化合物）、极性物质（碱性及酸性物质）
CHIR（手性）板	配体交换色谱法	对映体
NH_2 板	阴离子交换、正相及反相色谱法	核苷酸、农药、酚类、嘌呤衍生物、甾体、维生素类、磺酸类、羧酸类、黄嘌呤类
CN 板	正相及反相色谱法	农药、酚类、防腐剂、甾体

薄层色谱法可用的固定相种类虽多，但 90% 以上的样品分离可应用硅胶，且一般需要加黏合剂后制成薄层色谱。薄层色谱常用的硅胶有硅胶 H、硅胶 G、硅胶 HF_{254} 等。硅胶 H 为不含黏合剂的硅胶，制成硬板时需要另加羧甲基纤维素钠（CMC-Na）水溶液作黏合剂。硅胶 G 是由硅胶和煅石膏混合而成，制板时可直接加水，也可另加羧甲基纤维素钠（CMC-Na）水溶液。硅胶 HF_{254} 为不含黏合剂但含有在 254 nm紫外光下显绿色背景的荧光剂。此外，还有硅胶 GF_{254}、硅胶 $HF_{254+366}$ 等。

氧化铝作为吸附剂时一般不加黏合剂，按制备方法又可分为中性、碱性和酸性氧化铝，以中性氧化铝应用最多。对于用吸附薄层色谱分离不理想或不适合吸附薄层色谱的样品，可考虑采用其他薄层色谱法。例如，分离非极性、弱极性的组分时可考虑采用反相薄层分配色谱，以 C_{18}、C_8 等烷基键合相为固定相，水或水－有机溶剂混合溶剂为展开剂；分离极性组分时则采用正相薄层分配色谱，以含水硅胶为固定相，极性较弱的有机溶剂为展开剂；分离高分子化合物时则考虑采用凝胶固定相的分子排阻薄层色谱。

展开剂及薄层色谱条件的选择原则如下。

展开剂的选择适当与否是影响薄层色谱分离的重要条件之一。吸附薄层色谱条件的选择原则与吸附柱色谱相同，根据被分离物质的性质（如极性、溶解度及酸碱性）选择合适的吸附剂和展开剂。在吸附薄层色谱法中，主要是根据被分离物质的极性、吸附剂的活性、流动相的极性三者的相对关系进行选择，通过组分分子与展开剂分子争夺吸附剂表面活性中心而实现分离。分离极性物质时需要选择活性低的吸附剂（活度 Ⅲ～Ⅴ 级）和极性较强的展开剂，分离弱极性物质时则需要选择活性高的吸附剂（活度 Ⅱ～Ⅲ 级）和极性较弱的展开剂。

在薄层色谱中，通常根据被分离物质的极性，先选择单一溶剂展开，再根据分离效果采用多元混合溶剂系统，通过调节各溶剂的比例改变展开剂的极性，使组分的 R_f 适宜（各组分的 R_f 为 0.2 ～0.8，相邻组分 $\Delta R_f \geqslant 0.05$）。对于难分离组分，一般需采用多元溶剂系统。例如，甲苯作展开剂分离某组分时，移动距离太小，甚至停留在原点，说明展开剂的极性太弱，可选择另一种极性更强的展开剂或加入一定比例的极性溶剂，如丙酮、正丙醇、乙醇等，并调节溶剂比例以改变 R_f。反之，若待测组分的展距过大（R_f 过大），斑点在溶剂前沿附近，则应选择另一种极性更弱的展开剂或加入一定比例的极性小的溶剂，如环己烷、石油醚等，降低展开剂的极性。

对酸性、碱性物质的分离还应考虑吸附剂与展开剂的酸碱性，制板时可加入一定的酸、碱缓冲溶液制成酸性或碱性薄层。对酸性组分，特别是离解度较大的弱酸性组分的分离，应在展开剂中加入一定比例的酸，如甲酸、乙酸、磷酸和草酸，防止出现斑点拖尾现象。对生物碱等碱性物质的分离，多数选用氧化铝吸附剂，选择中性溶剂为展开剂；若采用硅胶吸附剂，则宜选用碱性展开剂，在展开剂中加入二乙胺、乙二胺、氨水和吡啶等碱性物质，同时，在双槽层析缸的另一侧倒入氨水。在实际工作中，为了实现最佳分离效果，往往需要通过多次实验进行展开剂系统的优化，寻求最适宜的条件。

实验十六　薄层色谱法快速鉴别饮料中的几种添加剂

【实验目的】

掌握应用薄层色谱法鉴别饮料中添加剂的基本原理和方法。

【实验原理】

市场上饮料的品种非常多，包括固体饮料和液体饮料。许多生产厂家为了防止其中成分变质和腐败，几乎不可避免地添加防腐剂，如苯甲酸和山梨酸；为了增加甜度，有时也使用一些甜味剂，如糖精、甘精等。这些添加剂多数存在一定的毒性。在食品卫生检查中，为了判断食品中是否含有这些添加剂，通常采用薄层色谱法进行鉴别。本实验选择不含脂肪、蛋白质的液体软饮料，样品经分离处理，与标准品同时点样于薄层板上，于层析缸中展开。糖精和甘精的展开剂为苯∶乙酸乙酯∶甲酸 = 5∶10∶2（体积比）；脱氢乙酸、山梨酸、苯甲酸的展开剂为苯∶乙酸 = 2.0∶0.7（体积比）。用甲基红和溴甲酚绿的乙醇溶液（3∶2，体积比）喷板显色，观察斑点位置并计算各斑点的 R_f，根据各组分的比移值不同进行鉴别。

【仪器与试剂】

1. 仪器

薄层板涂布器、玻璃板（5 cm×15 cm，要求光滑、平整，洗净后不附水珠，晾干）、点样器、微量注射器（10 μL）或定量毛细管、展开室（应使用适合薄层板大小的玻璃制薄层色谱层析缸，并有严密盖子）、烘箱、显色喷雾器、紫外分析仪（254 nm）。

2. 试剂

固定相或载体：薄层色谱用硅胶 G，其颗粒大小一般要求直径为 10 ～ 40 μm；甜味剂糖精、甘精；防腐剂苯甲酸、山梨酸、脱氢乙酸；苯、乙酸乙酯、甲酸、乙酸、乙醇、甲基红、溴甲酚绿，均为分析纯。展开剂：苯∶乙酸乙酯∶甲酸 = 5∶10∶2，苯∶乙酸 =20.0∶0.7（体积比）。样品溶液：各类饮料。标准品溶液分别为糖精和甘精混合溶液 1 mg·mL^{-1}，脱氢乙酸、山梨酸、苯甲酸混合溶液 1 mg·mL^{-1}。

【实验步骤】

1. 样品处理

将不含脂肪、蛋白质的液体软饮料样品（如果汁、可乐、矿泉水、汽水等）稀释 10 ～ 50 倍，取 8 mL 溶液于试管中，然后加入 3 g 氯化钠、3 滴 10% 硫酸溶液和 1 mL 乙酸乙酯，振摇 1 min 后，离心分离，取乙酸乙酯层，备用。

2. 薄层板制备

将 1 份固定相和 3 份 0.5% ～ 0.7% 羧甲基纤维素钠水溶液在研钵中向同一方向研磨混匀。去除表面的泡后，倒入涂布器中，在玻璃平板上平稳地移动涂布器进行涂布（厚度为 0.2 ～ 0.3 mm）。取下涂好薄层的玻璃板，置水平台上于室温下晾干，然后在 110 ℃ 烘 30 min，置于干燥箱中备用。使用前检查其均匀度（可通过透射光和反射光检视）。在层析缸中加入展开剂约 70 mL，预饱和 20 min。

3. 展开

用点样器在活化好的薄层板上点样，一般为圆点，点样基线距底边 1.0 ～ 1.5 cm，点样直径为 2 ～ 4 mm，点间距离为 0.9 ～ 1.5 cm。用微量注射器分别将糖精和甘精混合标准品溶液 1 μL、样品溶液 1 μL 点在同一薄层板上，并在另一薄层板上点上脱氢乙酸山梨酸、苯甲酸和混合标准品溶液及样品溶液。点间距离可视斑点扩散情况以不影响检出为宜。

4. 展开

将甜味剂样品薄层板置于苯 - 乙酸乙酯 - 甲酸（5∶10∶2，体积比）混合液饱和过的层析缸内展开；将防腐剂样品薄层板置于苯－乙酸（20.0∶0.7，体积比）混合液饱和的层析缸内展开。浸入展开剂的深度为距薄层板底边 1.5 ～ 10.0 cm，密封缸盖。展开 30 min 后，取出薄层板，用电吹风吹干。用紫外分析仪（254 nm）可观察到糖精色斑。

5. 显色

将薄层板放在 70 ℃ 的烘箱内烘烤 30 min，再用 0.2% 甲基红乙醇溶液和 0.1% 溴甲酚绿乙醇溶液（3∶2，体积比）进行喷板显色，观察斑点位置并计算各斑点的 R_f。

【数据处理与分析】

将被测组分的 R_f 填入表 6－2，顺序见图 6－3。

表 6－2　被测组分的 R_f

添加剂	展开剂	R_f
糖精	苯－乙酸乙酯－甲酸：5∶10∶2	
甘精	苯－乙酸乙酯－甲酸：5∶10∶2	
脱氢乙酸	苯－乙酸：20∶0.7	
山梨酸	苯－乙酸：20∶0.7	
苯甲酸	苯－乙酸：20∶0.7	

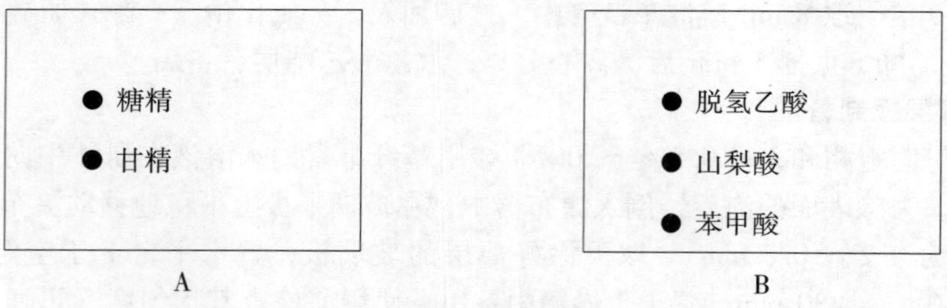

● 糖精
● 甘精
A

● 脱氢乙酸
● 山梨酸
● 苯甲酸
B

图 6－3　不同组分的薄层色谱

A：糖精、甘精；B：脱氢乙酸、山梨酸、苯甲酸。

【注意事项】

对于低脂肪含量的固体饮料，如果汁精等，可称取 20 g 样品，加入 20 g 蒸馏水、1% 氨水和 1% 盐酸，粉碎匀浆，离心分离，取上清液按样品处理程序进行实验，可得到相近结果。

【思考题】

(1) 如何用薄层色谱法对被测组分进行定量分析?

(2) 影响 R_f 的主要因素有哪些?

(3) 脱氢乙酸、山梨酸、苯甲酸的 R_f 的大小顺序是什么? 试加以说明。

实验十七　薄层色谱法测定黄连中的盐酸小檗碱

【实验目的】

(1) 学习用薄层色谱法测定黄连中盐酸小檗碱含量的基本原理。

(2) 掌握薄层色谱法的基本操作技术。

【实验原理】

小檗碱常以盐酸盐的形式存在于植物中(如黄连的干燥根茎),为黄色结晶体(图6-4)。

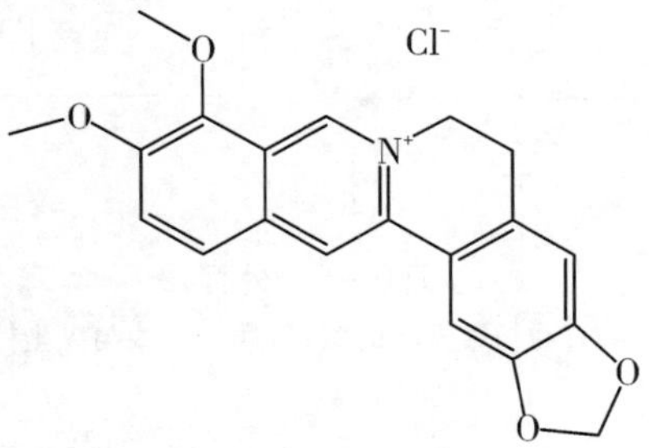

图6-4　盐酸小檗碱的结构式

游离小檗碱在冷水中以1:20溶解,在热水中以1:8溶解,在冷乙醇溶液中以1:100溶解,在热乙醇溶液中以1:12溶解,在盐酸盐溶液中以1:30溶解,在硫酸盐溶液中以1:15溶解。它对痢疾杆菌、大肠杆菌、肺炎球菌、金黄色葡萄球菌、链球菌、伤寒杆菌及阿米巴原虫有抑制作用。临床上,小檗碱主要用于肠道感染及细菌性痢疾等,并有较强的体内外抗肿瘤活性。本实验以黄连中的盐酸小檗碱为分析对象,在酸性条件下,用甲醇提取样品中的盐酸小檗碱,经过滤、浓缩、薄层色谱分离,用紫外分析仪观察以确定荧光的斑点位置。采用CD-60薄层色谱扫描仪,在激发波长 λ = 366 nm 条件下进行荧光扫描。将扫描得到的谱图和积分数据采用外标两点法进行定量计算。

外标两点法是通过扫描标准品的积分面积得出 F_1 和 F_2,然后通过扫描样品点的面积求得样品的质量。外标两点法用于不通过零点的标准曲线,其计算公式为:

$$C_{样品} = F_1 A_{样品} + F_2 \quad (6-4)$$

$$F_1 = \frac{A_1 - A_2}{C_1 - C_2} \quad (6-5)$$

$$F_2 = \frac{1}{2}(C_1 + C_2) - \frac{1}{2}(A_1 + A_2) \quad (6-6)$$

式中，C 为某组分的浓度或质量；A 为测出的该组分的面积；F_1 为比例常数，即直线的斜率；F_2 为直线与横坐标（图 6－5A）或纵坐标（图 6－5B）的截距。

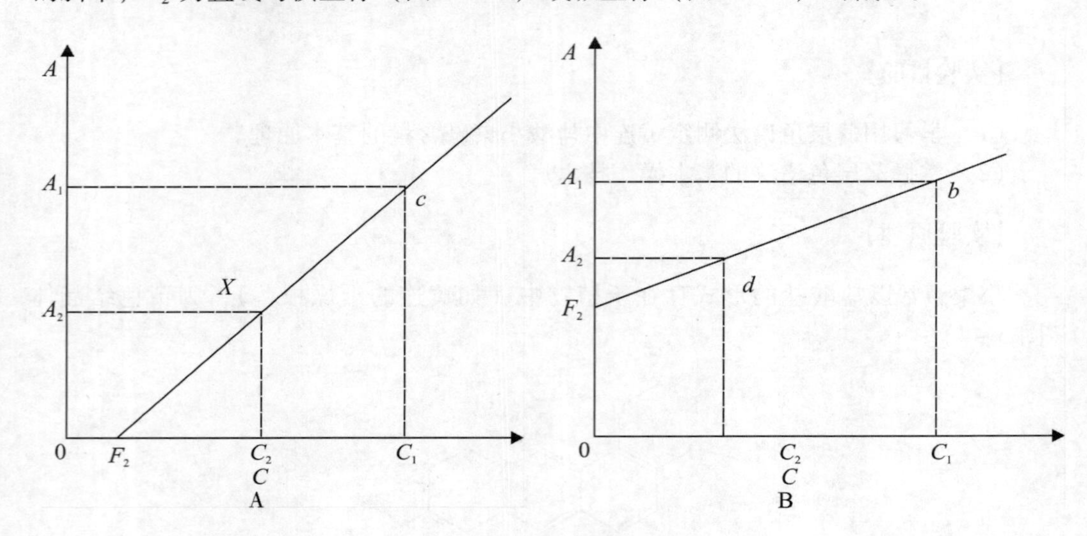

图 6－5　外标法

A：直线与横坐标的截距；B：直线与纵坐标的截距。

【仪器与试剂】

1．仪器

微量注射器、玻璃板（10 cm×20 cm，厚 0.5 mm）、展开仪、紫外分析仪、水浴锅、超声仪、磁力搅拌器、pH 计、研钵、分析天平、CD-60 薄层色谱扫描仪。

2．试剂

硅胶 GF_{254}、0.7% 羧甲基纤维素钠（分析纯）、盐酸（分析纯）、甲醇、盐酸小檗碱标准品、展开剂：[苯：乙酸乙酯：异丙醇：甲醇：水（6.0∶3.0∶1.5∶1.5∶0.3，体积比）]、浓氨水、黄连药材。

【实验步骤】

1．自制薄层板

称取 20 g 粒径为 10 ～ 40 μm 的硅胶 GF_{254} 于 100 mL 烧杯中，在搅拌器上边搅拌边加入 0.7 % 羧甲基纤维素钠水溶液 50 ～ 60 mL，按同一方向研磨混合，调成糊状，均匀涂布于玻璃板上（玻璃板应光滑、平整，洗净后不附水珠）。涂成厚度为 0.20 ～ 0.30 mm 的均匀薄层，然后将薄层板放在水平板上晾干。基本晾干后，将薄层板移入烘箱内加热活化，缓慢升温至 105 ～ 110 ℃，加热 30 min。表面应均匀、平整、光滑、无麻点、无气泡、无破损及污染。

2. 配制标准品溶液和黄连样品溶液

称量盐酸小檗碱标准品，用甲醇溶液溶解后，配制成浓度为 0.04 mg/mL 的溶液，作为标准品溶液。将黄连样品除去须根及泥沙，干燥，除去残留须根，研磨成粉末。取本品粉末约 0.1 g，准确称量，置于 100 mL 容量瓶中，加入盐酸 - 甲醇（1∶100，体积比）溶液约 95 mL，于 60 ℃ 水浴中加热 15 min，取出。用超声仪处理 30 min，在室温下放置过夜，加甲醇溶液定容至 100 mL（用 pH 计测得溶液的 pH 为 1），摇匀，过滤，滤液作为样品溶液。

3. 薄层色谱

（1）点样。点样基线距底边 1.0 ～ 1.5 cm，圆点状的直径一般不大于（2 ± 1）mm，接触点样时注意勿损伤薄层表面。点间距离可视斑点扩散情况以相邻斑点互不干扰为宜，一般不少于 0.8 cm。吸取样品溶液 1 μL、标准品溶液 1 μL 与 3 μL，样点从左到右交叉点于同一硅胶 GF_{254} 薄层板上。

（2）展开。将适量展开剂：苯 - 乙酸乙酯 - 异丙醇 - 甲醇 - 水（6.0∶3.0∶1.5∶1.5∶0.3）倒入层析缸中，在另一个层析缸中加入等体积的浓氨水，预平衡 15 ～ 30 min。溶剂蒸气预平衡后，迅速将点好样品的薄层板放入展开，浸入展开剂的深度以距原点 5 mm 为宜，立即密闭，展开。上行展开 9 cm。溶剂前沿达到规定的展距后，取出薄层板，晾干，待检测。

（3）确定斑点位置。将薄层板放在 $\lambda = 254$ nm 的紫外灯下定性定位，在黄绿色荧光背景下，盐酸小檗碱呈黑色斑点。

4. 薄层色谱扫描仪定量测定步骤

（1）薄层色谱扫描条件。扫描方式：线性单波长扫描；方法：荧光扫描；测定波长 $\lambda = 366$ nm；光束狭缝宽度 6 mm、高度 2 ～ 3 mm；测量样品与标准品荧光强度的积分面积，根据积分面积用外标两点法定量计算。

（2）定量扫描测定。

【数据记录与处理】

将样品中盐酸小檗碱的测定结果填入表 6 - 3。

表 6 - 3　样品中盐酸小檗碱测定结果

样品编号	展开剂前沿距离	样品移动距离	R_f	分离度（R）	组分的质量分数/%
标准品					
盐酸小檗碱					

本品含小檗碱以盐酸小檗碱 $C_{20}H_{18}ClNO_4$ 计，不得少于3.6％。

黄连中盐酸小檗碱的质量分数为：

$$w/(\%) = \frac{\overline{M} \times 100 \times 10^{-3} \times 0.04}{0.1000} \times 100\% \quad (6-7)$$

式中，$\overline{M}$ 为平均组分含量。

【注意事项】

1. 分离度

用于鉴别时，标准品溶液与样品溶液中相应的主斑点应显示两个清晰分离的斑点。用于限量检查和含量测定时，要求定量峰与相邻峰之间有较好的分离度。分离度（R）的计算公式为：

$$R = 2\frac{d_2 - d_1}{W_1 - W_2} \quad (6-8)$$

式中，d_2 为相邻两峰中后一峰与原点的距离；d_1 为相邻两峰中前一峰与原点的距离；W_1 和 W_2 分别为相邻两峰各自的峰宽。除另外规定外，分离度应大于1.0。

2. 显色与检视

样品含有荧光的物质可在365 nm紫外灯下观察荧光色谱。对于可见光下无色但紫外光下有吸收的成分，可用带有荧光剂的硅胶板，在254 nm紫外灯下观察荧光板上的荧光猝灭物质形成的色谱。

3. 重现性

同一样品溶液在同一薄层板上平行点样的待测成分的峰面积测量值的相对标准偏差应不大于3.0％；显色后测定的相对标准偏差应不大于5.0％。

第二节　气相色谱分析实验

【原理】

气相色谱法（gas chromatography，GC）是色谱法的一种，它分析的对象是气体和可挥发的物质。色谱法中有两个相，一个是流动相，另一个是固定相。用液体作流动相的色谱被称为液相色谱，用气体作流动相的色谱被称为气相色谱。气相色谱法是一种以气体作流动相的柱色谱法，根据所用固定相状态的不同可分为气固色谱和气液色谱。

气相色谱法实际上是一种物理分离的方法，基于不同物质物理化学性质的差异，被分析的对象在固定相（色谱柱）和流动相（载气）构成的两相体系中具有不同的分配系数（或吸附性能）。当两相做相对运动时，这些物质随流动相一起迁移，并在两相间进行反复多次的分配（吸附 - 脱附或溶解 - 析出），使分配系数只有微小差别的物质在迁移速度上产生很大的差别。经过一段时间后，各组分实现分离。被分离的物质按顺序通过检测装置，给出每个物质的信息，一般是一个对称或不对称的色谱峰。根据出峰的时间和峰面积的大小，对被分离的物质进行定性和定量分析。

气固色谱以表面积大且具有一定活性的吸附剂为固定相。当多组分的混合物样品进入色谱柱后，由于吸附剂对每个组分的吸附力不同，各组分的混合物样品进入色谱柱后，各组分在色谱柱中的运行速度也就不同。吸附力弱的组分容易被解吸下来，最先离开色谱柱进入检测器；而吸附力最强的组分最不容易被解吸下来，最后离开色谱柱。由此各组分在色谱柱中彼此分离，然后按顺序进入检测器中被检测、记录下来。

气液色谱以均匀地涂在载体表面的液膜为固定相，这种液膜对各种有机物都具有一定的溶解度。当样品被载气带入柱内到达固定相表面时，就会溶解在固定相中。当样品中含有多个组分时，由于它们在固定相中的溶解度不同，经过一段时间后，各组分在柱内的运行速度也就不同。溶解度小的组分先离开色谱柱，而溶解度大的组分后离开色谱柱。这样，各组分在色谱柱中彼此分离，然后按顺序进入检测器中被检测、记录下来。

气相色谱仪一般包括 5 个组成部分，分别是载气系统、进样系统、分离系统（色谱柱）、检测系统和数据处理系统。

1. 载气系统

载气系统指流动相载气流经的部分，它是一个密闭管路系统，必须严格控制管路的密闭性。载气系统包括气源、气体净化器、气路控制系统。载气是构成气相色谱分离过程中的重要一相——流动相。因此，正确选择载气，控制载气的流速，是保证气相色谱分析的重要条件。

可以作为载气的气体很多。原则上来说，只要没有腐蚀性，且不与被分析组分发生化学反应的气体都可以作为载气，常用的有 H_2、He、N_2、Ar 等。在实际应用中，载气的选择主要是根据检测器的特性来决定，同时，考虑色谱柱的分离效能和分析时间。载气的纯度、流速对色谱柱的分离效能、检测器的灵敏度均有很大影响。气路控制系统的作用就是将载气及辅助气进行稳压、稳流及净化，以满足气相色谱分析的要求。

2. 进样系统

进样系统包括进样器和气化室，它的功能是引入试样，并使试样瞬间气化。气体样品可以通过六通阀进样，进样量由定量管控制，进样量的重复性可达 0.5%；液体样品可用微量注射器进样，重复性较差，在使用时，注意进样量与所选用的注射器相匹配，最好是在注射器最大容量下使用。工业流程色谱分析和大批量样品的常规分析中常用自动进样器，重复性很好。在毛细管柱气相色谱中，由于毛细管柱样品容量很小，一般采用分流进样器。进样量较多，样品气化后只有一小部分被载气带入色谱柱，大部分被放空。气化室的作用是把液体样品瞬间加热变成蒸气，然后由载气带入色谱柱。

3．分离系统

分离系统主要由色谱柱组成，它是气相色谱仪的“心脏”，功能是使试样在柱内运行的同时得到分离。色谱柱基本有两类：填充柱和毛细管柱。填充柱是将固定相填充在金属或玻璃管中（常用内径 4 mm）。毛细管柱是用熔融二氧化硅拉制的空心管，也被称为弹性石英毛细管。柱内径通常为 0.1 ～ 0.5 mm，柱长 30 ～ 50 m，绕成直径 20 cm 左右的环状。用这样的毛细管作分离柱的气相色谱被称为毛细管柱气相色谱或开管柱气相色谱，其分离效率比填充柱的高得多。毛细管柱可分为开管毛细管柱、填充毛细管柱等。填充毛细管柱是在毛细管中填充固定相，也可先在较粗的厚壁玻璃管中装入松散的载体或吸附剂，然后拉制成毛细管。如果装入的是载体，使用前在载体上涂渍固定液以成为填充毛细管柱气液色谱。开管毛细管柱又分以下 4 种：① 壁涂毛细管柱。在内径为 0.1 ～ 0.3 mm 的中空石英毛细管的内壁涂渍固定液，为壁涂毛细管柱。这是目前使用最多的毛细管柱。② 载体涂层毛细管柱。先在毛细管内壁附着一层硅藻土载体，然后在载体上涂渍固定液，为载体涂层毛细管柱。③ 小内径毛细管柱。小内径毛细管柱内径小于 0.1 mm，主要用于快速分析。④ 大内径毛细管柱。大内径毛细管柱内径为 0.3 ～ 0.5 mm，通常其内壁被涂渍 5 ～ 8 μm 的厚液膜。

色谱柱主要是选择固定相和柱长。固定相选择需要注意：极性及最高使用温度。按相似性原则和主要差别选择固定相。柱温不能超过最高使用温度，在分析高沸点化合物时，需要选择高温固定相。柱温的选择对分离度影响很大，经常是条件选择的关键。选择的基本原则是：在使最难分离的组分达到符合要求的分离度的前提下，尽可能采用较低柱温，但以保留时间适宜及不拖尾为前提。分离高沸点（300 ～ 400 ℃）样品时，柱温可比沸点低 100 ～ 150 ℃；分离沸点低于 300 ℃ 的样品时，柱温可以在比平均沸点低 50 ℃ 至平均沸点的温度范围内。对于宽沸程（沸程指混合物中高沸点组分与低沸点组分的沸点之差）样品，选择一个恒定柱温通常不能兼顾高沸点组分与低沸点组分，须采取程序升温方法。

4．检测系统

检测器的功能是将进入色谱柱后已被分离的组分的信息转变为便于记录的电信号，然后对各组分的组成和含量进行鉴定和测量，是色谱仪的“眼睛”。原则上，被测组分和载气在性质上的任何差异都可以作为设计检测器的依据，但在实际中常用的检测器只有几种，它们结构简单，使用方便，具有通用性或选择性。检测器的选择要依据分析对象和目的来确定。常用的检测器有热导检测器、氢火焰离子化检测器、电子捕获检测器和火焰光度检测器。

热导检测器是利用被测组分和载气热导率不同而响应的浓度型检测器，它是整体性能检测器，属物理常数检测方法。这种检测器的基本原理是基于不同组分与载气有不同的热导率。在通过恒定电流以后，钨丝温度升高，其热量经四周的载气分子传递至池壁。当被测组分与载气一起进入热导池时，由于混合气的热导率与纯载气不同

（通常是低于载气的热导率），钨丝传向池壁的热量也发生变化，致使钨丝温度发生改变，其电阻也随之改变，进而使电桥输出端产生不平衡电位而作为信号输出。热导检测器是气相色谱法中最早出现和应用广泛的检测器。

氢火焰离子化检测器是典型的破坏性、质量型检测器，它以氢气和空气燃烧生成的火焰为能源。有机化合物接触氢气和氧气燃烧的火焰，在高温下产生化学电离，电离产生比基流高几个数量级的离子，在高压电场的定向作用下形成离子流。微弱的离子流（$10^{-12}\sim10^{-8}$ A）经过高阻（$10^{6}\sim10^{11}$ Ω）放大，成为与进入火焰的有机化合物的量成正比的电信号，因此，可以根据信号的大小对有机化合物进行定量分析。氢火焰离子化检测器结构简单，性能优异，稳定可靠，操作方便。其主要特点是对几乎所有挥发性的有机化合物均有响应，对所有烃类化合物（碳数不少于3）的相对响应值几乎相等，对含杂原子的烃类化合物中的同系物（碳数不少于3）的相对响应值也几乎相等，这给化合物的定量分析带来很大的方便，而且灵敏度高、响应快，可以和毛细管柱直接联用，并具有对气体流速、压力和温度变化不敏感等优点，因此，成为应用最广泛的气相色谱检测器。氢火焰离子化检测器是选择型检测器，只能检测在氢火焰中燃烧产生大量碳正离子的有机化合物；但 CO、CS_2 等由于产生的离子流很小，基本上不能利用这种检测器进行检测。

电子捕获检测器属于浓度型检测器，是放射性离子化检测器的一种，它是利用放射性同位素在衰变过程中放射出具有一定能量的β粒子作为电离源。当只有纯载气分子通过离子源时，在β粒子的轰击下，电离成正离子和自由电子，自由电子在电场条件下形成检测器的基流。当对电子有亲和力的电负性强的组分进入检测器时，这些组分捕获电子，形成带负电荷的离子。由于电子被捕获，因而降低检测器原有的基流，电信号发生变化，检测器电信号的变化与被测组分浓度成正比。电子捕获检测器适用于含有电负性强的卤素、酯基、羟基及过氧化物官能团的有机化合物的分析。

火焰光度检测器属于光度法中的分子发射检测器，是利用富氢火焰使含硫、磷杂原子的有机物分解，形成激发态分子。当它们回到基态时，发射一定波长的光。透过干涉滤光片，用光电倍增管将其转换为电信号，测量特征光的强度。载气、氢气和空气的流速对火焰光度检测器有很大的影响，因此，气体流量控制很重要。要根据样品的不同选择氢氧比，还要把载气和补充气量进行适当的调节，以获得好的信噪比。

5. 数据处理系统

目前，数据处理系统多采用配备操作软件包的工作站，用计算机控制，既可以对色谱数据进行自动处理，又可以对色谱系统的参数进行自动控制。

实验十八 气相色谱归一化法测定混合物中的苯、甲苯和乙苯

【实验目的】

（1）学习并熟悉气相色谱的原理、方法和应用。

（2）熟悉气相色谱仪的组成，掌握其基本操作过程和使用方法。

（3）掌握峰面积归一化法进行定量分析的方法和特点。

（4）熟悉保留值、相对校正因子、峰高、半峰高、峰面积积分的测定方法。

【实验原理】

气相色谱法是一种很好的分离方法，也是一种定性、定量分析的手段。当样品进入色谱柱后，它在固定相和流动相之间进行分配。由于各组分性质的差异，固定相对它们的溶解或吸附能力不同，它们的分配系数也不同。分配系数小的组分在固定相上的溶解或吸附能力弱，先流出柱子；反之，分配系数大的组分后流出柱子，从而实现各组分的分离。

色谱法根据保留值的大小进行定性分析。在一定色谱条件（固定相、操作条件等）下，各种物质均有确定不变的保留值。定性分析时，必须将被分析物与标准物质在相同条件下所测的保留值进行对照，以确定各色谱峰所代表的物质。定量分析的依据是被分析组分的质量或其在载气中的浓度与检测器的响应信号成正比。对于微分型检测器，物质的质量与色谱峰面积（或峰高）成正比，其表达式为：

$$m_i = f_i' A_i \text{（或 } m_i = f_i' h_i \text{）} \tag{6-9}$$

式中，m_i 为组分 i 的质量；A_i 和 h_i 分别为组分 i 的峰面积和峰高；f_i' 为比例常数，称为校正因子。

当组分通过检测器时，所给出的信号称为响应值。物质响应值的大小取决于物质的性质、浓度、检测器的灵敏度等特性。同一种物质在不同类型的检测器上有不同的响应值，且不同的物质在同一种检测器上的响应值也不同。为了使检测器产生的响应值能真实地反映物质的含量，就要对响应值进行校正，在进行定量计算时引入相对校正因子 f_i，即某物质的组分 i 和标准物质 s 的绝对校正因子之比：

$$f_i = \frac{f_i'}{f_s'} \tag{6-10}$$

式中，f_s' 为标准物质的绝对校正因子；f_i' 为组分 i 的绝对校正因子。

在测定混合物中的苯、甲苯、乙苯的含量时，一般选择苯作为标准物质，即苯的相对校正因子为 1.0，这样由实验就可求出混合样品中甲苯、乙苯的相对校正因子，然后通过测量色谱图中各组分的峰面积就可以求出混合物中各组分的含量。用单一组分的峰面积与其相对校正因子乘积的总和的百分比来表示各组分的含量，就是归一化法。用峰面积归一化法求各组分含量可按式 6－11 进行计算：

$$w_i = \frac{A_i f_i}{A_1 f_1 + A_2 f_2 + \cdots + A_i f_i + \cdots + A_n f_n} \tag{6-11}$$

本实验采用氢火焰离子化检测器进行检测。首先，在已经确定的分离条件下，分别测定标准物质苯、甲苯和乙苯溶液的色谱图。其次，在同样的条件下测定待测样品的色谱图。通过保留时间鉴别待测样品中所含组分，通过峰面积的积分进行定量分析。因本实验采用的待测样品中只含被测的3种成分，且能够全部出峰，故采用归一化法进行待测组分的含量分析。

【仪器与试剂】

1. 仪器

气相色谱仪、色谱工作站、氢火焰离子化检测器（flame ionization detector, FID）、氮气发生器或高纯氮气钢瓶、氢气发生器、空气发生器、弱极性填充柱［可选填充柱 GDX-103、毛细管色谱柱 HP-1（二甲基聚硅氧烷）、HP-5（5%二苯基+95%二甲基聚硅氧烷交联）、OV101］、移液管（5 mL）、微量进样器（5 μL 或 10 μL）、容量瓶（5 mL）、螺纹口样品瓶（1 mL）。

2. 试剂

甲醇（分析纯）、苯（分析纯）、甲苯（分析纯）、乙苯（分析纯）。

【实验步骤】

1. 色谱柱的准备与安装

根据待测物质和检测器类型选择适合固定相的不锈钢填充柱或毛细管色谱柱，安装到气相色谱仪上。色谱柱事先已经过老化处理。

2. 仪器准备

连接所需气源到仪器上，打开 GC 载气氮气、支持气体氢气和空气的气源，设置压力0.5 MPa 左右。注意气源气体应经过过滤净化柱净化后进入仪器。

3. 条件设置与优化

（1）打开计算机进入色谱工作站，设置色谱操作条件。混合烃 FID 条件为：载气氮气流速 30 ~ 40 mL/min，柱温 100 ℃，气化室温度 150 ℃，FID 温度 120 ℃，热导桥电流 150 mA。

（2）FID 条件为：载气氮气流速 40 mL/ min，氢气流速 30 ~ 40 mL/min，空气流速 400 mL/min，样品 - 混合烃，进样口气化室温度 160 ℃（后进样口），柱温 140 ℃，FID 温度 220 ℃（前检测器）。

实验条件的调整与优化步骤为：设定后，进一针混合样品，根据混合样品色谱图判断色谱分离结果是否合适。若不合适，调整进样口温度、柱温等，重新进样考察，直至达到满意的分离效果，然后存储新方法并用于后续的测定。

4. 测试样品

条件设置好后，运行设定的条件，仪器自动完成条件准备工作，达到设定条件并稳定后，提示可以进样测试，此时进样，进样量为 1 μL。

（1）标准溶液的配制。在3个50 mL 容量瓶中各加入 10 μL 苯溶液、10 μL 甲苯溶液和 10 μL 乙苯溶液，用甲醇溶液定容至 50 mL，分别制得苯、甲苯、乙苯标准溶液。

（2）混合标准溶液的配制。在 1 个 50 mL 容量瓶中加入 10 μL 苯溶液、10 μL 甲苯溶液和 10 μL 乙苯溶液，用甲醇溶液定容至 50 mL。

（3）进样。将微量进样器用甲醇溶液清洗及待测物润洗后，进 1 μL 苯标准溶液，测定其保留时间，用于定性分析。按同样方法分别测出甲苯、乙苯的保留时间。若用同一个进样器进不同样品，则每进一个样品前要彻底清洗进样器。建议用不同的进样器分别进不同样品。

（4）相对校正因子的测定。以苯为标准物质，测定甲苯、乙苯的相对校正因子。用微量进样器进 1 μL 混合标准溶液进行测试，测算相应的峰面积，计算各物质的相对校正因子。重复操作 3 次。

（5）混合样品测试。在完全相同的色谱条件下，进 1.0 μL 未知混合样品，采集并处理数据，打印色谱图。

【数据及处理】

1. 与纯物质的对照定性

将测定结果填写在表 6－4 中。

表 6－4 与纯物质的对照定性

进样	纯物质名称	纯物质的 t_R/min	混合样品中各峰	混合样品中各峰的 t_R/min	定性结论（组分名称）
第 1 次					
第 2 次					
第 3 次					
第 4 次					

2. 面积归一化法定量

将测定结果填写在表 6－5 中。

表 6－5 面积归一化法定量

进样	组分	峰高	半峰高	峰面积	相对校正因子	质量分数/%
第 1 次						
第 2 次						
第 3 次						

（续表6－5）

进样	组分	峰高	半峰高	峰面积	相对校正因子	质量分数/%
第4次						

【注意事项】

（1）气相色谱仪使用氢气气源，还使用芳香烃类易燃试剂，应禁止明火和吸烟。

（2）芳香族化合物有致癌毒性，要注意防止试剂的挥发和吸入，保持室内通风良好。

（3）实验用气相色谱仪属贵重精密仪器，使用仪器前一定要熟悉仪器的操作规程，并在教师指导下进行练习，不可随意操作。

（4）为获得较好的精密度和色谱峰形状，进样时速度要快而果断，并且每次进样速度、留针时间应保持一致。

【思考题】

（1）本实验中是否需要准确进样？为什么？

（2）氢火焰离子化检测器是否对任何物质都有响应？

第三节　高效液相色谱分析实验

【原理】

高效液相色谱法（high-performance liquid chromatography，HPLC）是以液体作为流动相，并采用颗粒极细的高效固定相的柱色谱分离技术。高效液相色谱对样品的适用性广，不受分析对象挥发性和热稳定性的限制，因而弥补气相色谱法的不足。在已知的有机化合物中，可用气相色谱分析的约占20%，而80%的有机化合物则须用高效液相色谱来分析。

高效液相色谱法和气相色谱法的基本理论相似，它们之间的主要差别在于作为流动相的液体与气体之间的性质不同。液相色谱法根据固定相性质可分为吸附色谱法、键合相色谱法、离子交换色谱法和大小排阻色谱法。

吸附色谱法是当组分分子流经固定相（吸附剂，如硅胶或氧化铝）时，不同组分分子、流动相分子对吸附剂表面的活性中心展开竞争。这种竞争能力的大小决定保留值的大小，即被活性中心吸附得越牢的分子保留值越大。

键合相色谱法是将类似于气相色谱中的固定液的液体通过化学反应键合到硅胶表面，从而形成固定相。采用化学键合固定相的色谱被称为键合相色谱；采用极性键合相、非极性流动相的色谱被称为正相色谱；采用非极性键合相、极性流动相的色谱被称为反相色谱。键合相色谱法分离的保留值大小主要取决于组分分子与键合固定液分子间作用力的大小。

离子交换色谱法是利用流动相中的被分离离子在与作为固定相的离子交换剂上的平衡离子进行可逆交换时对交换剂的基体离子亲和力大小的不同，从而达到分离。组分离子对交换剂基体离子亲和力越大，保留时间越长。

大小排阻色谱法的固定相是一类孔径大小有一定范围的多孔材料。被分离的分子大小不同，它们扩散渗入多孔材料的难易程度也不同。小分子最易扩散进入细孔中，保留时间最长；大分子完全被排斥在孔外，随流动相很快流出，保留时间最短。

在以上 4 种分离方式中，反相键合相色谱法应用最广，因为它采用醇 - 水或腈 - 水体系作流动相。纯水易得价廉，紫外吸收极少。在纯水中添加各种物质可改变流动相的选择性。使用最广的反相键合相是十八烷基键合相，即十八烷基（$C_{18}H_{37}$—）键合到硅胶表面。这种键合相又被称为 octadecylsilyl（ODS）键合相，如国外的 Partisil 5-ODS、Zorbax-ODS、Shim-pack CLC-ODS，国产的 YWG-C_{18}等。

高效液相色谱仪的组成见图 6 - 6。

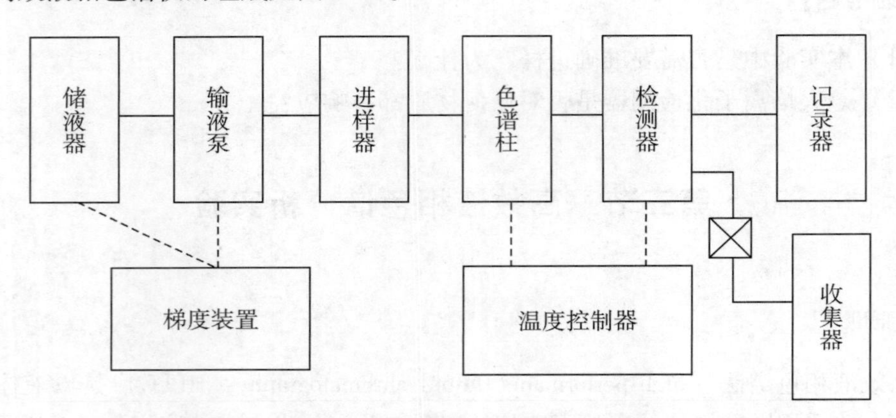

图 6 - 6　高效液相色谱仪的组成

1. 流动相

储液器用来存放流动相。流动相从高压的色谱柱内流出时，会释放其中溶解的气体。这些气体进入检测器后会使噪声剧增，甚至产生巨大的吸收或吸收读数波动很大，使信号不能检测。因此，流动相在使用前必须经过脱气处理。储液器应带有脱气装置，通常采用氦脱气法。氦在各种液体中的溶解度极低，用它鼓泡来驱赶流动相中的溶解气体。首先，用氦气快速清扫溶剂数分钟。其次，使氦气以很小的流量不断清扫此溶剂。有的仪器本身附有反压脱气装置，将它与配套检测器使用，就可避免吸收池内产生气泡。

为了延长色谱柱的寿命，流动相在使用前须用孔径小于 0.5 μm 的过滤器进行过滤，除去颗粒物质。低沸点和高黏度的溶剂不适宜作为流动相。含有 KCl、NaCl 等卤素离子的溶液、pH 小于 4 或大于 8 的溶液，由于会腐蚀不锈钢管道或破坏硅胶的性能，也不宜作流动相。

2. 输液系统

输液系统通常由输液泵、单向阀、流量控制器、混合器、脉动缓冲器、压力传感器等部件组成。输液泵分为单柱塞往复泵和双柱塞往复泵，用来输送流动相。由于高效液相色谱固定相颗粒极细，色谱柱阻力很大，因此，泵的输液压力最高可达 40 MPa，输出流量为 0 ～ 20 mL/min（做分析时用高效液相色谱仪），输液准确性达 ±2%，精密度优于 ±0.3%。单向阀装在泵头上部，在泵的吸液冲程中用来关闭出液液路。流量控制器可使流量保持恒定，确保流量不受色谱柱反压影响。混合器由接头和空管组成，使溶剂经混合器完全混合均匀。脉动缓冲器的作用是将压力与流量的脉动除去，使到达色谱柱的液流为无脉冲液流。压力传感器是用压敏半导体元件测量柱头压力，测出的压力由显示窗或荧光屏显示器显示。为了改进分离效果，往往采用多元溶剂，而且在分离过程中按一定程序连续改变流动相组成，因此，泵系统还需具备梯度淋洗装置。实现梯度淋洗的方式如下。

（1）在泵的入液阀头安装 3 个电子比例阀。当泵工作时，根据比例阀是否开启及开启时间的长短，可选 1 个或几个溶剂按任意比例混合。这是一种低压混合溶剂的方式，只需要 1 台输液泵。在使用恒定溶剂比例时，操作十分方便。但由于输出的溶剂组成准确度和精密度均较差，在梯度淋洗时，分析结果的重现性不理想。

（2）采用多台恒流输液泵，在高压方式下混合溶剂，实现梯度淋洗。这种方式可以保证溶剂混合的高度准确性和重现性，但成本较高。

3. 进样器

在高压液相色谱中，采用六通高压微量进样阀进样，它能在不停流的情况下将样品进样分析。进样阀上可装不同容积的定量管，如 10 μL、20 μL 等。利用进样阀进样精密度好。

4. 色谱柱

高效液相色谱仪的色谱柱通常都采用不锈钢柱，内填颗粒直径为 3 μm、5 μm 或 10 μm 等几种规格的固定相。由于固定相的高效性，柱长一般都不超过 30 cm。分析柱的内径通常为 0.4 ～ 0.6 cm，制备柱则可达 2.5 cm。虽然液相色谱的分离操作可以在室温下进行，但大多数高效液相色谱仪都配置恒温柱箱，用来对色谱柱进行恒温。为了保护分析柱，通常在分析柱前再装一根短的前置柱。前置柱内填充物要求与分析柱的一致。

5. 检测器

高效液相色谱仪的常用检测器有紫外吸收检测器、荧光检测器、示差折光检测器和电导检测器。紫外吸收检测器分为固定波长和可调波长两类。固定波长紫外检测器采用汞灯，产生 254 nm 或 280 nm 谱线。可调波长检测器的光源为氘灯和钨灯，可以提供 190 ～ 750 nm 的辐射，可用于紫外 - 可见光区的检测。检测器的吸收池体积一般为 8 ～ 10 μL，光路长度约 8 mm。紫外检测器灵敏度较高，通用性也较好。荧光检测器是一种选择性强的检测器，仅适合于对荧光物质的测定，灵敏度比紫外检测器高两三个数量级。示差折光检测器是一类通用型检测器，只要组分的折光率与流动相折光率不同就能检测，但两者之差有限。因此，灵敏度较低，且对温度变化敏感，不能用于梯度淋洗。电导检测器是离子色谱法中应用最多的检测器。

6. 馏分收集器和记录器

馏分分部收集器用来收集纯组分。当进行制备色谱操作时，可以设置一个程序，使收集器将欲分离的组分自动逐个收集，以备后用。记录器可采用色谱处理机和长图记录仪。

实验十九　维生素 E 胶囊中维生素 E 的定量分析

【实验目的】

（1）熟悉高效液相色谱法的分析原理及操作过程。

（2）掌握测定维生素 E 总量及 α 维生素 E 的方法原理及实验技术。

【实验原理】

高效液相色谱法具有高效分离、高灵敏度、快速分析的优点，依据维生素 E 异构体结构上的微小差异可利用正相色谱或反相色谱进行分析。本实验采用反相键合相色谱对维生素 E 进行定量分析。选择适当的实验条件使维生素 E 中的各种同系物、异构体得到良好的分离。在分离的基础上，利用维生素 E 的标准品进行定性和定量分析。当标准品不易得到时，可借助 α 维生素 E（α 维生素 E 标样易得）间接定性，即首先指认 α 维生素 E，其次再根据维生素 E 异构体的极性来指认其他异构体，也可用高效液相色谱 - 质谱联用仪（high-pressure liquid chromatography mass spectrometer）来帮助定性。

【仪器与试剂】

1. 仪器

高效液相色谱仪（带紫外检测器和真空脱气装置）。

2. 试剂

甲醇溶液（色谱纯）、重蒸去离子水、α 维生素 E 标准样品［4.932 0 g · L^{-1} 无水乙醇（储备液）］。未知试样制备步骤为：取 1 粒市售小麦胚芽油营养胶囊，用小刀切开挤出囊中全部溶液，准确称量，用无水乙醇溶解并定溶于 50 mL 容量瓶中。

【实验步骤】

（1）按仪器操作说明开机。

（2）设置色谱参数：C_{18} 色谱柱，流动相为甲醇溶液和水（体积比为 97∶3）；流速为 1.0 mL/min；柱温为 30 ℃；检测波长为 292 nm；进样量 20 μL。

（3）启动色谱系统，注入未知试样 20 μL。

（4）可适当调节甲醇溶液与水的比例和流速，在最短时间内得到良好的分离。

（5）选择最佳色谱条件注入 α 维生素 E 标样，记录保留时间和峰面积。重复 3 次，取平均值（峰面积误差小于 3%）。

（6）注入未知物试样，重复 3 次，取平均值（峰面积误差小于 3%）。

（7）按关机程序关机。

【数据记录及处理】

（1）详细记录各种实验参数于表 6 -6 中。

表 6 -6　高效液相色谱法的实验结果

维生素 E 标液体积/mL	0.5	1.0	1.5	2.0	2.5	未知液
保留时间/min						
峰面积						

（2）绘制工作曲线，给出工作曲线方程及相关系数。

（3）用外标法计算小麦胚芽油营养胶囊中 α 维生素 E 的含量、容量因子和分离度，对分析结果进行误差分析。

（4）计算维生素 E 总含量及 α 维生素 E 在总维生素 E 中的相对含量（%）。

【注意事项】

（1）制作工作曲线之前，先确认维生素 E 的最佳检测波长。

（2）定量时适当稀释 α 维生素 E 标样，以符合外标法定量的要求。

【思考题】

高效液相色谱法有什么特点？如果测试的线性结果不吻合，是什么原因？

实验二十　高效液相色谱法测定人血浆中的对乙酰氨基酚

【实验目的】

（1）进一步掌握高效液相色谱仪的基本结构和基本操作方法。

（2）了解人血浆中对乙酰氨基酚的提取方法。

（3）掌握用保留值进行定性分析及用标准曲线进行定量分析方法。

【实验原理】

对乙酰氨基酚是常用的解热镇痛药，其解热作用与阿司匹林相似，镇痛作用较弱，无抗风湿作用，是乙酰苯胺类药物中较好的品种，用于治疗感冒、牙痛等症。健康人在口服药物 15 min 以后，药物即进入血液。1 ～ 2 h 内，人的血液中药物含量达到极大值。用高效液相色谱法测定人血浆中的药物浓度，可以研究药物在人体内的代谢过程及不同厂家的药物在人体内的吸收情况的差异。对乙酰氨基酚的结构见图 6 -7。

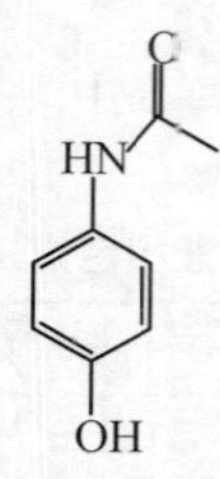

图6 -7　对乙酰氨基酚的结构

本实验采用对乙酰氨基酚纯品进行定性分析，找出健康人血浆中对乙酰氨基酚在色谱图中的位置，然后以健康人血浆为本底做标准曲线。从标准曲线中找出并算出人血浆中对乙酰氨基酚的含量。

【仪器与试剂】

1. 仪器

高效液相色谱仪（带自动进样器，或配置微量进样器）、分析天平、容量瓶、微量进样器、10 mL 离心管。

2. 试剂

甲醇溶液（分析纯）、对乙酰氨基酚（分析纯）、20% 的三乙醇胺甲醇溶液（分析纯）、乙腈（分析纯）、纯净水。

【实验步骤】

1. 色谱条件

色谱柱：C_{18}，4.6 mm × 150 mm，5 μm；流动相：水 - 乙腈（90∶10，体积比）；流速：1 mL/min；检测波长：254 nm；柱温：30 ℃；进样量：10 mL。

2. 操作步骤

（1）启动。按操作说明书启动仪器。

（2）标准曲线所用样品的预处理。分别取健康人血浆 0.5 mL，置于 6 个 10 mL 离心管中，加对乙酰氨基酚标准品使其质量浓度分别为 0.0 μg/mL、0.5 μg/mL、1.0 μg/mL、2.0 μg/mL、5.0 μg/mL、10.0 μg/mL，再分别加入 20% 三乙醇胺甲醇溶液 0.25 mL，振荡 1 min，离心 5 min。

（3）未知血样的预处理。取未知血样的血浆 0.5 mL，置于 10 mL 离心管中，加入 20% 的三乙醇胺甲醇溶液 0.25 mL，振荡 1 min，离心 5 min。

（4）取离心后的上清液 20 μL，注入色谱柱，进行色谱扫描。除空白血浆离心液外，每个浓度需进行 3 次测量。

【数据记录及处理】

计算标准曲线的回归方程，由标准曲线计算未知血样中对乙酰氨基酚的浓度。

【思考题】

（1）如何计算本实验的回收率？

（2）为什么要做空白血样的分析？

（3）除用标准曲线法定量外，还可采用什么定量方法？它们各有什么优缺点？

第四节　液相色谱－质谱联用分析实验

液相色谱原理见本书第六章第三节“高效液相色谱分析实验”。

质谱（mass spectrometry，MS）仪是在高真空系统中将样品加热，使样品变为气体分子，然后在电离室用电子来轰击这些气体分子，使其电离成带电离子。大多数情况下该带电离子带一正电荷，这些带正电荷的离子被加速电极加速，以一定速度进入质量分析器，在磁场下不同质荷比（m/z）的离子发生偏转。低质量的离子比高质量的离子偏转角度大，这样就可按质荷比的大小互相分开。离子的离子流强度或丰度相对于离子质荷比（m/z）变化的关系被称为质谱。用质谱来进行成分和结构分析的方法被称为质谱法。

通过质谱可以知道化合物准确的相对分子质量和分子中部分结构。高相对分子质量的化合物的质谱可以不经过元素分析就获取分子式和碎片组成。

质谱法的特点是：①根据质谱图提供的信息可以进行多种有机物及无机物的定性和定量分析、复杂化合物的结构分析、样品中各种同位素比的测定及固体表面的结构和组成分析等；②被分析的样品可以是气体、液体或固体；③灵敏度高，可达 10^{-12}～10^{-9} g，样品用量少，一次分析仅需几微克样品；④分析速度快，完成一次全谱扫描一般仅需一秒至几秒；⑤准确度高，分辨率高；⑥可实现与各种色谱－质谱的在线联用；⑦与其他仪器相比，质谱仪结构复杂，价格昂贵，使用及维修比较困难，对样品有破坏性。

质谱仪结构

质谱仪的构造见图 6－8。

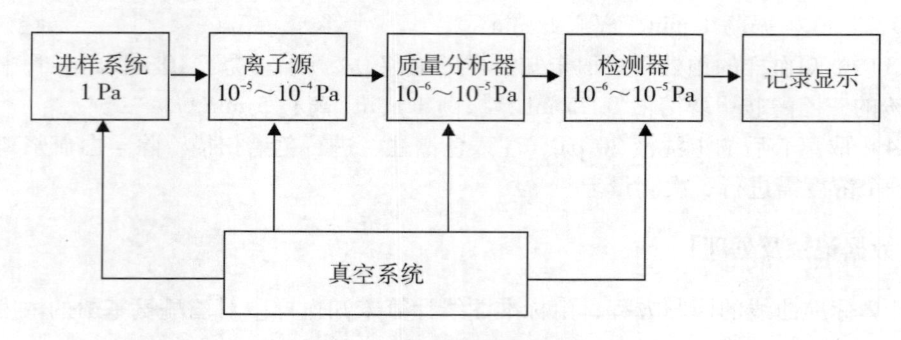

图6-8 质谱仪的构造

1. 真空系统

质谱仪除记录和显示系统外，其他部分都必须在不同的高真空度下工作。真空系统是由低真空的机械泵和高真空的扩散泵组成的二级真空系统。若真空度过低，会造成离子源灯丝损坏、本底增高、电离室中加速极发生火花放电等一系列问题，从而使谱图复杂化。

2. 进样系统

常用进样系统有3种类型：间歇式进样系统、直接探针进样系统及色谱进样系统。间歇式进样系统主要用于气体、低沸点液体和较高蒸气压的固体样品进样，样品通过可拆卸式试样管被引入试样储存器中气化，气化的样品分子通过分子漏隙以分子流的形式扩散进入离子源中。高沸点液体、固体则通过样品探针杆直接送入离子源中气化、电离。气相色谱仪可以通过接口作为质谱仪的进样系统。进样系统设计时要求能够高效地将样品引入电离室中且不能造成电离室真空度降低。

3. 电离源

电离源的作用是将由进样系统引入的气态样品分子转化为离子。常用电离源有电子轰击离子源、化学电离源、快原子轰击源、火花源、ICP源等。各种电离源能量大小不同，应用的对象也不同。最常用的电离源是电子轰击源，主要优点是电离效率高、结构简单、操作方便，缺点是分子离子峰弱，有时甚至不出现，故在运用时常将其与低能量的离子源配合使用。

4. 质量分析器

质量分析器的作用是将经电离室电离的气态样品正离子按质荷比 m/z 分开。常用的质量分析器的类型有单聚焦磁偏转型、双聚焦型、飞行时间分析器、四极杆滤质器、离子回旋共振分析器等。采用双聚焦质量分析器的质谱仪空间分辨率高，可以用于质量的准确测定，而飞行时间质谱仪时间分辨率强，可以用于研究快速反应以及与气相色谱（gas chromatogram，GC）联用。

5. 质谱检测器和记录器

质谱检测器有三类：法拉第杯、电子倍增器和照相检测。法拉第杯是最简单的一种，方便、廉价，但灵敏度不高，它可以准确测定穿过出射狭缝的离子流。电子倍增器的原理类似于光电倍增管，它可以记录 10^{-18} A 的电流，灵敏度比法拉第杯约高 10^3 倍。照相检测只适用于某些质谱仪，离子流轰击感光板上的乳剂而成像。

现代质谱仪一般都通过计算机对产生的信号进行接收和处理，并能够通过计算机对仪器的运行条件进行严格监控，大大简化了结果处理，提高了分析精度。

实验二十一　苦荞麦浸提液中两种苦荞黄酮的高效液相色谱－高分辨质谱分析

【实验目的】

（1）掌握热水浴浸提、离心、过滤等简单的样品预处理方法。

（2）初步了解高效液相色谱－高分辨质谱在食品成分分析领域的应用。

【实验原理】

利用高效液相色谱出色的分离功能得到样品中苦荞黄酮的紫外吸收色谱图，通过后续的高分辨质谱分别测得苦荞黄酮的相对分子质量，同时得到元素分析数据，进而对样品苦荞麦中所含有的苦荞黄酮种类进行确证。

【仪器与试剂】

1. 仪器

（1）HPLC 部分。HPLC 部分为 1200 系列高效液相色谱仪。检测器为 VWD 单通道紫外检测器（波长设定为 254 nm）；色谱柱为 Zorbax SB-C18（4.6 mm $ID \times L$ 50 mm，5 μm）；柱温 25 ℃；进样量 10 μL]；流动相为甲醇（A）－1% 甲酸溶液（B）；梯度洗脱程序为 0 ～ 33 min：（10% A + 90% B）～（40% A + 60% B），33 ～ 60 min：（40% A +60% B）～（60% A +40% B）；流速 1.0 mL · min^{-1}。

（2）MS 部分。MicroTOF Ⅱ电喷雾－飞行时间高分辨质谱仪。雾化气压力 1.5 bar，干燥气流速 8 L · min^{-1}，干燥气温度 180 ℃。

2. 试剂

甲醇溶液（色谱纯）、乙酸溶液（色谱纯）、去离子水（自制）。

【实验步骤】

（1）预处理样品。将苦荞麦籽粉碎过筛，用 80% 甲醇溶液进行水浴（85 ℃）浸提 6 h。离心后，取上清液经微孔滤膜过滤。取过滤后的液体 1 mL 装入 1.5 mL 样品瓶中待用。

（2）打开质谱控制软件（MicroTOF control），在 Source 页面设置雾化气压力、干燥气流速及干燥气温度，点击“Save As”，将该方法命名并保存。

（3）将 1.5 mL 样品瓶放入自动进样器样品盘中，记住所放位置编号。在液质联机软件（HyStar 3.2）中打开样品表（sample table），选择一个样品表，点击“Open”。在样品表中对样品序列进行编辑，包括 General 选项卡中的样品名称（sample identifier）、样品位置（vial position）、Methods 选项卡中方法的调用。

（4）将上述液相方法与质谱方法保存为 LC-MS 联机方法，并在样品表中调用该方法。设置好后点击“Acquisition”，进入液相操作界面。

（5）待紫外检测器基线平稳后，点击“Start”，选择“Start Sequence”进行液质联机测试，对样品分别进行正离子、负离子模式检测各 1 次。

（6）实验结束后关闭色谱仪中的泵、紫外灯。在质谱状态下选择“Stand by”，雾化气压力为 0 bar，干燥气流速为 2 L/min，干燥气温度为 100 ℃。

【数据处理与分析】

（1）在 Data Analysis 中点击“Open”，在文件夹中找到样品文件，双击打开。

（2）在质谱离子流图中添加色谱图信号，观察并记录色谱峰的数目及各峰相应的保留时间。

（3）分别在正、负离子模式的质谱离子流图中找出与色谱峰保留时间对应的质谱峰，将得到的质荷比信息分别与图 6－9 和图 6－10 的苦荞黄酮类物质的相对分子质量进行比对，确定该样品中所含有的苦荞黄酮类化合物的种类。

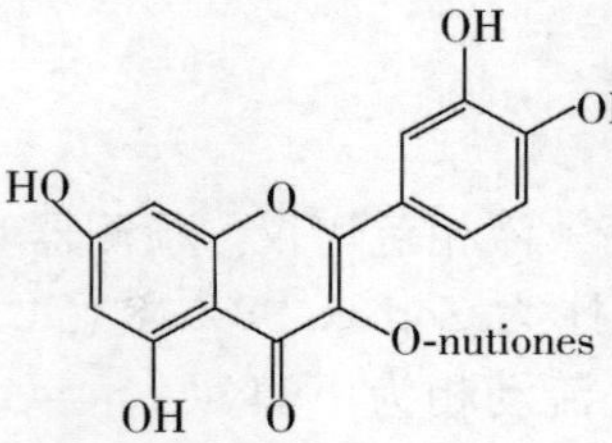

D–槲皮素–3–O–芸香苷（芦丁）
$[M+H]^+$=611.160 6
$[M-H]^-$=609.145 0

图 6－9 D－槲皮素－3－O－芸香苷（芦丁）的化学结构式

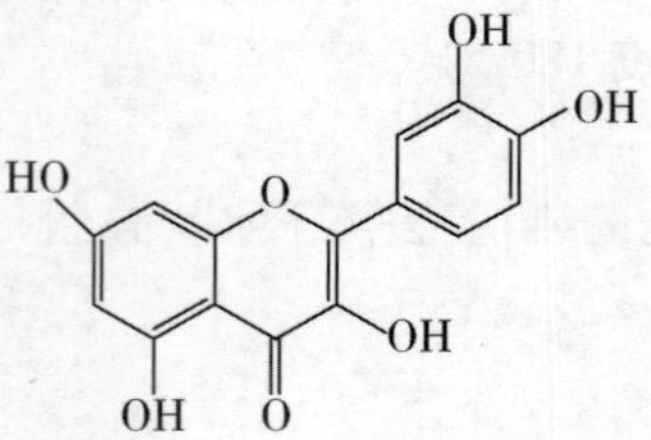

D–槲皮素
$[M+H]^+$=303.049 9
$[M-H]^+$=301.035 3

图 6－10 D－槲皮素的化学结构式

【注意事项】

（1）样品预处理后要保证溶液澄清，没有不溶物。

（2）质谱采集范围为 50 ～2 000。

【思考题】

（1）本实验流动相采用梯度洗脱，为什么？
（2）在处理食品、药材等样品时，预处理的方法还有哪些？
（3）观察比较正、负离子模式下样品的质谱图哪个信号更强，试说明原因。

实验二十二　液相色谱－质谱法测定溶液中的利血平

【实验目的】

（1）掌握液相色谱－质谱法基本原理。
（2）熟悉液相色谱－质谱法条件优化的一般过程。
（3）了解选择离子监测（selected ion monitoring，SIM）和多反应检测（multiple reaction monitoring，MRM）的区别。

【实验原理】

液相色谱－质谱联用仪兼有色谱的分离能力和质谱强大的定性能力，在痕量分析、定性分析等领域有广泛的应用。液相色谱－质谱联用仪一般使用电喷雾电离（electrospray ionization，ESI）源或大气压化学电离（atmospheric pressure chemical ionization，APCI）源，不形成分子离子峰，而是形成待测物和 H^+、Na^+、K^+ 的加合离子。利血平的精确分子质量数为 608.3，与质子结合后形成 $[M+H]^+$ 离子，其质荷比为 609.3。因此，选用 609.3 作为母离子，在碰撞室发生碰撞诱导解离后，形成质荷比为 195.0 的子离子，检测 609.3 和 195.0 这一对母离子和子离子，就可以实现对利血平的串联质谱分析。

【仪器与试剂】

1．仪器
液相色谱－串联质谱仪（LC-MS-MS）、分析天平、10 mL 容量瓶。
2．试剂
利血平（分析纯）、甲酸溶液、乙腈、超纯水。

【实验步骤】

1．试剂的配制
制备利血平储备液（1 $mg \cdot mL^{-1}$）。准确称取利血平 10.0 mg，置于 10 mL 容量瓶中，加入乙腈溶解，定容，摇匀，使用前稀释至 1.0 $ng \cdot mL^{-1}$～ 0.5 $\mu g \cdot mL^{-1}$。

2. 质谱条件优化

(1) 母离子的选择和优化。取 0.5 μg · mL^{-1} 溶液，注入 LC-MS-MS，以扫描模式（MS1 Scan）采集数据并进行分析，寻找可以作为母离子的离子，记录并通过改变锥孔电压（cone voltage）得到优化的实验条件。

(2) 子离子的选择和优化。取 0.5 μg · mL^{-1} 溶液，注入 LC-MS-MS，以子离子扫描（daughter scan）方式采集数据并进行分析，寻找可以作为子离子的离子，并通过改变碰撞电压（collision energy）得到优化的实验条件。

3. SIM 和 MRM 方式比较

取利血平（1.0 ng · mL^{-1}）注入 LC-MS-MS，分别以 SIM 和 MRM 方式采集数据，记录并比较 2 种方式的峰面积和信噪比，说明信噪比差异产生的原因。

【注意事项】

(1) 利血平为常用的判断 LC-MS-MS 工作状态是否正常的试剂，使用时应当控制使用浓度，避免交叉污染。

(2) 锥孔电压一般在 20 ～ 80 V，每隔 5 V 进行优化；然后在最优点附近每隔 2 V 进一步优化。碰撞电压一般在 10 ～ 60 eV，每隔 5 eV 进行优化，然后在最优点附近每隔 2 eV 进一步优化。

【思考题】

(1) 利血平在本实验中形成的质谱峰被称为准分子离子峰，液相色谱 - 质谱联用中常见的准分子离子峰还有哪些？

(2) 简要说明 SIM 和 MRM 方式测定的原理。

(3) MRM 方式和 SIM 方式比较，哪种方式的信号强度高？哪种方式的灵敏度高？造成差异的原因是什么？

第五节　毛细管电泳分析实验

【原理】

在高效毛细管电泳（high performance capillary electrophoresis，HPCE）分析中，带电粒子的电泳速率与 q/r（q 为粒子所带电荷，r 为粒子在溶液中的流体力学半径）、电场强度 E 成正比，而与溶液黏度 η 成反比。

HPCE 的一个重要性质就是电渗流（electroosmotic flow，EOF）。电渗流是指毛细管中溶液在外加电场下整体朝一个方向运动的现象。当缓冲溶液的 pH 大于 4，石英管壁上的硅醇基（≡Si—OH）离解生成阴离子（≡Si—O^-），使表面带负电荷，它又会吸引溶液中的正离子，形成双电层，从而在管内形成一个个紧挨着的“液环”，在强电场的作用下自然向阴极移动，形成电渗流（图6－11）。

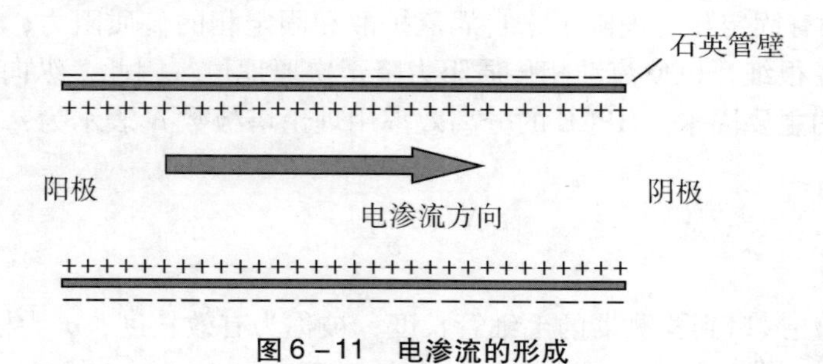

图6－11　电渗流的形成

多数情况下，电渗流的速率比电泳速度快5～7倍，因此，在HPCE中可以使正、负离子和中性分子一起朝一个方向产生差速迁移，在一次操作中同时完成正、负离子的分离。在有电渗流存在下，离子迁移速度是电泳和电渗流两个速度的矢量和，即：

$$v_{ap} = v_{ef} + v_{eo} = (\mu_{ef} + \mu_{eo})E = \mu_{ap}E \qquad (6-12)$$

式中，v_{ap}为离子的表观速度，v_{ef}为离子的电泳速度，v_{eo}为电渗流速度，μ_{ap}为离子的表观淌度，μ_{ef}为离子的有效淌度，μ_{eo}为电渗淌度，E为电场强度。

电渗流是HPCE具备高分离效率的重要原因之一。电渗流驱动的液体流型为“塞子流”，即在管内径向不同位置处，液体的流动速度保持一致，不会引起溶质区带展宽。而在压力驱动的层流中，其流型为抛物线型，即存在径向速度差，由此可以造成溶质区带展宽（图6－12至图6－15）。

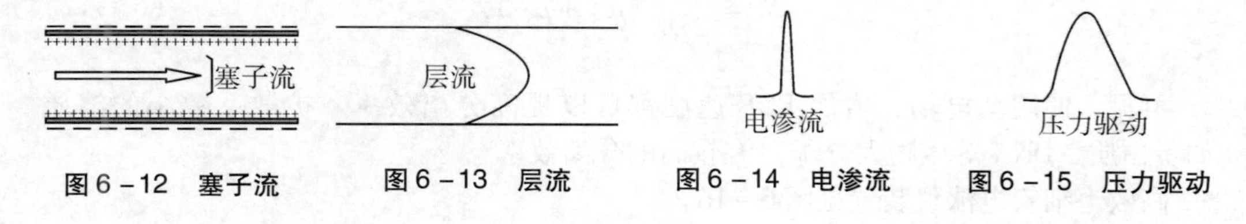

图6－12　塞子流　　**图6－13　层流**　　**图6－14　电渗流**　　**图6－15　压力驱动**

电渗流的大小对HPCE的分离效率和分离度均有影响，其细微变化会影响HPCE分离的重现性（迁移时间和峰面积）。因此，EOF是优化分离条件的重要参数之一。控制EOF的方法主要有：①改变缓冲溶液成分和浓度；②改变pH；③加入添加剂；④毛细管内壁改性（物理或化学方法涂层及动态去活）；⑤改变温度；⑥外加径向电场；等等。

将电渗流改性剂［如十六烷基三甲基溴化铵（cetyl trimethyl ammonium bromide，CTAB）等］加入缓冲溶液，通过CTAB在毛细管壁上的吸附，石英毛细管管壁由带负电转变为带正电，从而使原本由正极流向负极的电渗流变为由负极流向正极。此时，阴离子的电泳方向与电渗流方向一致，其表观淌度大，可以在短时间内得到分离。

HPCE 中没有固定相，消除了来自涡流扩散和固定相的传质阻力，而且作为分离柱的毛细管管径很细，也使流动相传质阻力降至次要地位。因此，纵向分子扩散成为样品区带展宽的主要因素。HPCE 的分离效率用理论塔板数 N 表示为：

$$N = \frac{l^2}{\sigma^2} \tag{6-13}$$

式中，l 为样品注入口到检测器的毛细管长度，被称为有效长度；σ 为标准偏差。

若只考虑纵向分子扩散，由此引起的方差 σ 可表示为：

$$\sigma = \sqrt{2Dt} \tag{6-14}$$

式中，D 为扩散系数。t 为迁移时间，可以表示为：

$$t = \frac{l}{\mu E} + \frac{lL}{\mu V} \tag{6-15}$$

因此，理论塔板数可以表示为：

$$N = \frac{\mu Vl}{2DL} \tag{6-16}$$

在 EOF 存在下，用表观淌度代替，则有：

$$N = \frac{Vl}{2DL}(\mu_{ef} + \mu_{eo}) \tag{6-17}$$

可见，使用高电场、增加 EOF 速度都可以提高分离效率。扩散系数小的溶质（如蛋白质、DNA 等生物大分子）有较高的分离效率。

高效毛细管电泳仪装置见图 6－16。

高压电源供给铂电极上的电压可为 －30 ～ 5 kV。典型的毛细管长度为 10 ～ 100 cm，内径为 10 ～ 100 μm，材料可以是熔融石英。为了分离需要，也可采用预先经化学键合或物理吸附改性的毛细管。一般通过加压到电解质缓冲溶液容器中或者在毛细管出口减压，迫使溶液通过毛细管。两端缓冲溶液必须定期更换，因为实验过程中离子不断被消耗，阴极和阳极缓冲溶液的 pH 将升高或降低。

检测器是 HPCE 仪器的核心部件之一。HPCE 进样量非常小（约为几纳升），因此，检测灵敏度要求高。常用检测器有紫外检测器、电化学检测器、激光诱导的荧光检测器、质谱检测器等。

对于本身没有可以被检测器直接检测信号的样品，还可以采用间接检测方式。例如，间接紫外检测是在运行的电解质溶液中加入有紫外吸收的化合物，产生本底，当

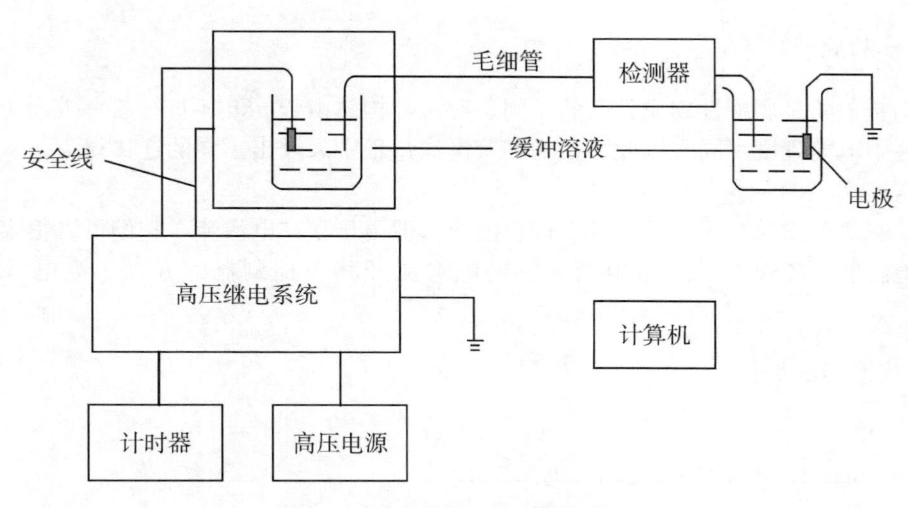

图6－16　高效毛细管电泳仪装置

无紫外吸收的离子通过时，就会产生一个负峰。若要分离阴离子，在缓冲溶液中加入一个紫外吸收阴离子 Na^+E^-。样品 S 的离子在分离过程中进入缓冲溶液中，按照电中性等当量交换原理，在共存阳离子 Na^+ 浓度保持恒定时，总的阴离子（样品 S 的离子和 E^-）浓度也保持恒定。设 c_E 为紫外吸收离子浓度，ε_E 为该离子的摩尔吸收系数，则缓冲溶液本底吸收为 $\varepsilon_E c_E$，样品 S 的离子洗出时产生信号 A 为：

$$A = \varepsilon_S c_S + (c_E - c_S)\varepsilon_E - c_E\varepsilon_E = c_S(\varepsilon_S - \varepsilon_E) \tag{6-18}$$

式中，c_S 为样品的浓度，ε_S 为当样品离子没有紫外吸收。当 $\varepsilon_S = 0$ 时，A 可以表示为：

$$A = -c_S\varepsilon_E \tag{6-19}$$

由式6－19可知，产生的负响应信号与样品离子浓度和加入的紫外吸收离子的摩尔吸收系数成正比。显然，ε_E 越大，灵敏度越高。

实验二十三　毛细管电泳法分离硝基苯酚异构体

【实验目的】

（1）运用毛细管区带电泳分离硝基苯酚异构体。

（2）以硝基苯酚异构体分离为例，掌握毛细管电泳中的理论塔板数、分离度等基本参数的计算。

【实验原理】

硝基苯酚是弱酸性物质，其邻、间、对位异构体由于 *pKa* 不同，在一定 pH 的缓冲溶液中电离程度不同。因此，在毛细管电泳过程中表现出不同的迁移行为，从而实现分离。

虽然两种物质在弱碱性条件下带负电荷，但由于存在电渗流，它们可以很容易地到达检测器。硫脲本身不带电荷，它随电渗流迁移至检测器，可以作为电渗流标志物。

【仪器与试剂】

1. 仪器

Beckman F/ACE MDQ 毛细管电泳仪。

2. 试剂

20 mmol pH 为 5.0、7.0 和 9.0 的磷酸盐和 5% 的甲醇溶液（作为分离缓冲溶液），0.2 $mg \cdot mL^{-1}$ 邻硝基苯酚甲醇溶液、间硝基苯酚甲醇溶液、对硝基苯酚甲醇溶液及其混合甲醇溶液，0.1 $mol \cdot L^{-1}$ 氢氧化钠溶液，蒸馏水（用于毛细管的预处理）。

【实验步骤】

（1）打开紫外检测器等仪器。

（2）将甲醇溶液、氢氧化钠溶液、缓冲溶液、去离子水和样品分别注入小试剂瓶，将这些小试剂瓶放到缓冲溶液托盘的适当位置。

（3）根据小试剂瓶在托盘的位置设定分析方法，包括用甲醇溶液、0.1 $mol \cdot L^{-1}$ 氢氧化钠溶液、蒸馏水、分离缓冲溶液各冲洗毛细管 2 min，压力进样（1 psi）5 s，在 20 kV 电压下分离，在 254 nm 波长处检测。

（4）以 20 $mmol \cdot L^{-1}$ pH 为 7.0 的磷酸盐和 5% 的甲醇溶液作为分离缓冲溶液，分别以 0.2 mg/mL 邻硝基苯酚甲醇溶液、间硝基苯酚甲醇溶液、对硝基苯酚甲醇溶液作为样品运行上述方法，通过迁移时间定性分析各组分，计算各组分的理论塔板数。

（5）以 20 $mmol \cdot L^{-1}$ pH 为 7.0 的磷酸盐和 5% 的甲醇溶液作为分离缓冲溶液，以 0.2 mg/mL 邻硝基苯酚、间硝基苯酚、对硝基苯酚甲醇混合溶液作为样品运行上述方法，得到电泳图，计算相邻电泳峰的分离度。

（6）分别以 20 $mmol \cdot L^{-1}$ pH 为 5.0 和 9.0 的磷酸盐和 5% 的甲醇溶液作为分离缓冲溶液，重复步骤（5），计算不同条件下的分离度。

（7）实验结束再手动设置分别用甲醇溶液、0.1 $mol \cdot L^{-1}$ 氢氧化钠溶液、蒸馏水冲洗毛细管 5 min。

（8）关闭仪器。

【数据记录与处理】

计算3种条件下3种分析物的理论塔板数和相邻电泳峰的分离度。

【注意事项】

（1）毛细管电泳使用的高压经常超过10 000 V，注意避免高压触电。

（2）注意各种试剂瓶的放置位置，根据试剂瓶的放置位置编制或使用特定的运行程序。

（3）注意观察仪器前面板的冷却液液面，保持冷却液液面超过刻度线。

【思考题】

（1）为什么不同pH条件下，相邻电泳峰的分离度会不同？

（2）如果采用pH为2或11的缓冲溶液，是否还能分开这3种物质？

第七章　微流控芯片实验

【原理】

生物芯片（biochip）又被称为生物集成膜片，是分子生物学技术（如核酸序列测定技术、核酸探针技术等）与计算机技术等相结合而发展起来的一项分子生物学技术。狭义的生物芯片是将生物分子（如寡聚核苷酸、cDNA、基因组 DNA、多肽、抗原、抗体等）固定于硅片、玻璃片、塑料片、凝胶、尼龙膜等固相介质上形成的生物分子点阵，待分析样品中的生物分子与生物芯片的探针分子发生杂交或相互作用后，利用激光共聚焦显微扫描仪对杂交信号进行检测和分析。广义的生物芯片是指能对生物成分或生物分子进行快速并行处理和分析的几厘米见方的固体薄型器件。生物活性物质相当微小，有的要以纳米计，以点阵的方式排列在硅基上，很像计算机的芯片。因此，科学家形象地将它取名为“生物芯片”。

生物芯片技术与通过采用像集成电路制作过程中的缩微技术一样，将许多不连续的过程移植，集中到一块几英寸大小的芯片中，使其微型化，从而提高实验的分析速度。因此，生物芯片具有显著的优点：①实现分析过程的高度自动化，大大提高分析速度；②减少样品及化学药品的用量；③有较高的多样品处理能力；④防止污染，有效排除外界因素的干扰。

样品制备芯片上的微线是按设计需要的尺寸蚀刻的，它的工作原理相当于一只微型过滤器。分离血样中的白细胞时，它的孔径能让红细胞、血小板通过，尺寸较大的白细胞则被截下。若用作样品的扩增，先在芯片上设置 DNA 或 RNA 底物，在样品溶液里可进行恒温扩增的 PCR 反应。

进行突变检测和基因表达分析的芯片的工作原理是 DNA 分子杂交。由于任何一个细胞都会有上千个基因在表达，其表达的差异往往能反映细胞发育正常与否。用设计好的探针与目的检测物杂交，就能找出特异结合点。当然，对结果的判读必须依靠荧光、质谱等物理方法进行扫描，数据再由相应的电脑软件进行处理。

微流控芯片（microfluidic chip）是一种生物芯片，是指采用微细加工技术，在一块微米尺度的芯片上制作出微通道的网络结构和其他功能单元，把生物、化学等学科所涉及的样品制备、生物或化学反应、物质分离和检测等基本操作集成或基本集成在尽可能小的操作平台上，用以完成不同的生物或化学反应过程并对其产物进行分析的技术。微流控芯片具有液体流动可控、消耗试样及试剂极少、分析效率高等特点，可在几分钟甚至更短的时间内同时分析上百个样品，并且实现样品的在线预处理和分析全过程。

实验二十四 微流控芯片分析法测定赖氨酸颗粒剂中的赖氨酸

【目的要求】

（1）了解微流控芯片分析法的原理。
（2）学习外标法测定主成分含量的方法。
（3）了解微流控芯片分析仪的结构与正确使用方法。

【实验原理】

微流控芯片，或被称为微全分析系统（micro-total analysis system），是近年发展起来的一种新型的分离分析技术。它将进样、分离、检测，以及化学反应、药物筛选、细胞培养与分选等集成在几平方厘米的芯片上进行，具有高效、快速、微量、微型化等特点。目前的微流控芯片主要应用芯片毛细管电泳技术，其原理是以高压电场为驱动力，以芯片毛细管为分离通道，依据样品中各组分之间淌度和分配行为等差异而实现高效、快速分离，是一种电泳新技术。

简单的微流控芯片分析仪由高压电源、芯片和检测器组成。高压电源提供进样电压和分离电压。芯片设有进样通道和分离通道。电导检测器是较通用的检测器，适用于荷电成分的检测。本实验所用的非接触式电导检测器的电极与溶液不接触，可避免电极污染中毒和高压干扰等问题。而且芯片与检测电极板之间相互独立，更换和清洗操作非常方便。

本实验采用外标法测定赖氨酸颗粒剂中赖氨酸的含量。外标法是以待测成分的对照品作为对照物，相互比较以求得供试品的含量的方法。配制一系列浓度的标准液，在同一条件下测定，用峰面积（或峰高）与浓度制作标准曲线，然后在相同条件下，测定样品待测组分，根据标准曲线，计算样品中待测组分的浓度。

【仪器与试剂】

1. 仪器

微流控芯片分析仪（包括双路高压电源、非接触式电导检测器、十字通道芯片，均为中山大学药学院研制）、循环水式真空泵。

2. 试剂

L－赖氨酸对照品、0.2 $mol \cdot L^{-1}$硝酸溶液、0.1 $mol \cdot L^{-1}$氢氧化钠溶液、硼酸溶液、乙二胺溶液、高纯水。供试品为L－赖氨酸盐酸盐颗粒剂。

【实验方法】

1. 芯片的清洗

用0.2 mol·L^{-1}硝酸溶液清洗芯片5 min，再用高纯水清洗芯片5 min。

2. 芯片的活化

用0.1 mol·L^{-1}氢氧化钠溶液活化芯片5 min，再用高纯水清洗芯片5 min，用缓冲溶液硼酸±乙二胺（5∶15，浓度比）平衡5 min。

3. 测定

先在芯片储液池a、c、e（图7－1）中加入运行缓冲溶液，再向样品池b中加入供试品或对照品溶液。将高压电源的进样电源正负极分别置于储液池b和c，分离电源正负极分别置于储液池a和e。开启高压电源，进入进样状态，在b和c（均为进样通道）之间进样20 s（首次进样需要足够长的时间，一般为20～30 s，使样品到达b和c之间的分离通道a和e之间），然后，切换至分离电压2.00 kV（可调）并同步启动数据工作站记录。重复进样10 s，切换分离检测并记录。

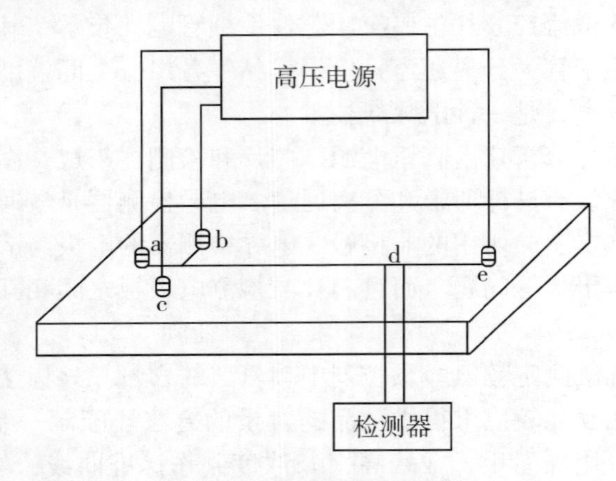

图7－1 芯片储液池示意

4. 含量测定

（1）对照品的测定。精密称取L－赖氨酸对照品0.020 0 g，加入高纯水溶解并定容于10 mL容量瓶中，得浓度为2.00 g·L^{-1}的对照品储备液。取L－赖氨酸对照品储备液，配成浓度为1.00×10^2 mg·L^{-1}、2.00×10^2 mg·L^{-1}、3.00×10^2 mg·L^{-1}、4.00×10^2 mg·L^{-1}、5.00×10^2 mg·L^{-1}的系列标准溶液。在相同的实验条件下，分别进样，测量L－赖氨酸峰面积（或峰高），作出峰面积（或峰高）与浓度的标准曲线。

（2）样品的测定。精密称取适量供试品（约相当于L－赖氨酸0.1 g），用高纯水溶解，定容于100 mL容量瓶中。摇匀，滤过，精密取续滤液2 mL，置于10 mL量瓶中，用高纯水稀释至刻度，摇匀。在相同条件下进样，测量L－赖氨酸的峰面积。

【结果处理】

1. 绘制标准曲线

以所测量的系列标准溶液峰面积为纵坐标，浓度为横坐标，在 Excel 中绘制工作曲线：点击“插入”，选择图标中的 *XY* 散点图（平滑线散点图），点击“系列”（添加），确定 *X* 和 *Y* 所在的表格，得到标准曲线。右键选中曲线，点击“添加趋势线”，在选项中勾选显示公式和 R^2 值，即得到回归方程。

2. 计算

将测得的样品溶液峰面积代入回归方程中，求得样品溶液的浓度，并计算样品中 L－赖氨酸的含量。

【注意事项】

（1）处理芯片时，每次用指定的溶液浸润 2 min 后，用真空泵抽动补液。活化与检测时务必保证通道无气泡（在清洁活化过程中，从 1 个孔道抽气至真空。加样时保证另外 3 个孔道注满缓冲溶液）。

（2）溶液均经 0. 22 μm 的滤膜过滤。

（3）高压电源输出电流在安全范围，但仍须谨防身体接触高压电极。

（4）实验完毕要用水清洗通道，盖住芯片，以防灰尘入侵。

第八章　综 合 实 验

实验二十五　红外光谱法、核磁共振法和质谱法分析中药山柰挥发油中结晶物质的结构

【实验目的】

（1）熟悉红外光谱（infrared spectrum，IR）、紫外－可见吸收光谱（ultraviolet-visible spectrometry，UV-Vis）、气相色谱－质谱（gas chromatography-mass spectrometry，GC-MS）和核磁共振波谱（nuclear magnetic resonance spectroscopy，NMR）的使用方法。

（2）学习解析红外光谱、紫外－可见吸收光谱、质谱和核磁共振谱图信息进行结构鉴定。

（3）建立四谱联合解析未知物结构的经验。

【实验原理】

中药的成分分析一般可以分为前处理、分离、检测和结构解析这 4 个步骤。中药山柰为姜科山柰属植物山柰，为圆形或近圆形的横切片，直径为 1 ～ 2 cm。山柰是一种传统中药，具有温中散寒、除湿辟秽的功用，可用于治疗心腹冷痛、寒湿吐泻、牙痛等。苦山柰与山柰为同科植物，外形较为相似，但食用苦山柰过量易中毒。因此，应建立鉴定山柰成分的程序。

紫外－可见光谱法是分子中电子从基态跃迁到激发态吸收高频率的电磁波，提供共轭体系或羰基存在的信息，可以测定是否含有发色团、助色团。从吸收频率可以推测共轭体系的结构，峰的形状可以显示精细结构。对双键位置的判断比核磁共振波谱、红外光谱和质谱更加准确。

红外光谱提供分子内部原子间的相对振动和分子转动的结构信息，可以用来判断官能团的种类。

气相色谱－质谱能够提供被测物分子式或相对分子质量。质谱图给出分子离子峰、碎片离子峰、重排离子峰，通过碎片离子峰的质荷比（m/z）和峰强度可以推测未知物分子的断裂位置、结构单元和连接方式。对成分复杂的中药进行鉴定往往采用气相色谱－质谱联用法，通过此法可以同时进行分离和分析。

核磁共振波谱法通过自旋量子数不为零的原子核^{1}H、^{13}C核在外加磁场中做自旋运动，核自旋能级发生分裂，外加能量等于这个分裂能的电磁波时就发生核磁共振，获得核磁共振波谱。^{1}H-NMR提供含氢基团的化学位移、耦合常数及分裂情况，根据氢原子数与峰面积成正比的关系，可以定量计算分子中氢原子的数目。NMR是鉴定结构的主要手段。

【仪器与试剂】

1．仪器

UV－2100S紫外－可见光谱仪、FT-IR光谱（KBr压片）、6890/5975气相色谱－质谱联用仪、JNM－ECA600氢核磁共振波谱仪、水蒸气蒸馏设备、旋转蒸发仪、研钵、分液漏斗（150 mL）、量筒（100 mL）、表面皿、烧杯（500 mL）。

2．试剂

中药山柰、正己烷（分析纯）、无水乙醚（分析纯）、无水硫酸钠（分析纯）、无水乙醇（分析纯）、$CDCl_3$（分析纯）。

【实验步骤】

1．提取山柰挥发油中的结晶物质

将50 g山柰研磨至粒径为2～5 mm。用水蒸气蒸馏法提取山柰约1 h，得到白色挥发油水乳液。用60 mL正己烷分3次萃取挥发油。合并萃取液，用无水硫酸钠干燥有机相1 h，过滤干燥后的萃取液。用旋转蒸发仪蒸馏除去正己烷溶液，得到挥发性组分精油1～2 mL。将精油放入冰箱中冷却结晶，将得到的晶体再用正己烷洗涤1次。

2．鉴定结晶物质结构

（1）开启紫外－可见光谱仪，进行仪器自检，输入测量参数。设置吸收波长范围为200～500 nm，吸光度范围0～2.5，狭缝宽度2.0 nm。参比溶液为无水乙醇。结晶物质用无水乙醇溶解。

（2）开启红外光谱仪，取100 mg溴化钾作为测量本底，应用固体压片法压片。取2 mg结晶物质于研钵中研磨，应用固体压片法压片，测定红外光谱，打印谱图。

（3）开启气相色谱质谱仪，载气为氦气，色谱柱为HP－5（*ID* 0.25 mm × *L* 30 m）。设置进样口温度为250 ℃，初始温度为50 ℃，保持2 min。以20 ℃/min升温至250 ℃，保持5 min。设置载气流速为1 mL/min，溶剂延迟时间为5 min，分流比为30∶1。

质谱条件：电离方式为电轰击电离，电子能量70 eV，离子源温度230 ℃，四极杆温度150 ℃。

用正己烷溶解结晶物质，调整浓度数量级为$\mu g \cdot L^{-1}$。

气相色谱－质谱仪稳定后，进样1 μL。将计算机检索得到的质谱图与标准谱图进行对比。

（4）开启核磁共振波谱仪，使之处于^{1}H-NMR 测试条件。将 5 mg 样品溶解在 $CDCl_3$ 中，装在标准核磁共振样品管中，绘制^{1}H-NMR 谱图，给出分析结果，打印谱图。

【数据记录与处理】

（1）记录仪器的实验条件，保存谱图。

（2）将紫外谱图与萨特勒（Sadtler）标准谱图（34734M 图号）对照。谱图中主要有 2 个吸收峰，在波长 304 nm 处有最大吸收峰，应是整个分子共轭体系的 K 带吸收。波长 211 nm 处的吸收峰是苯环的 E 带吸收。这 2 个吸收峰宽而且强，说明其分子内含有较大的共轭体系。

（3）将红外光谱图特征峰（表 8 - 1）与萨特勒标准谱图（61985K 图号）对照，解析其官能团。

表 8 - 1　山柰结晶物质的红外光谱图特征峰

波数/cm^{-1}	官能团	振动方式
2970	$—CH_3$	C—H 的伸缩振动
2940	$—CH_2—$	C—H 的伸缩振动
3184	—C ═C—H	—C ═C—H 的伸缩振动
1465	$—CH_3$ 和$—CH_2—$	H—C—H 的剪式弯曲振动
1718	C ═O	C ═O 的伸缩振动
1635	C ═C	C ═C 的伸缩振动
1254	—O—C ═O	酯基的 C—O 的对称伸缩振动
1173	—O—C ═O	酯基的 C—O 的不对称伸缩振动
1603，1514	苯环	苯环的骨架振动
828	二取代苯环	苯环的弯曲振动

（4）气相色谱 - 质谱仪给出分子离子峰和其他碎片峰，分析其断裂位置。气相色谱图中主要有 4 个峰，保留时间分别为 9.1 min、9.3 min、10.8 min、11.0 min。其中，保留时间为 11.0 min 的峰强度最大，对该最强峰做质谱分析，离子源为电子轰击。图中的主要峰有：m/z 为 205、177、160、1/3。m/z = 205 是准分子离子峰 $[M-H]^+$。m/z = 177 是准分子离子 $[M-H]^+$ 经过麦氏（McLafferty）重排脱掉一个乙烯分子形成的重排离子。m/z = 160 是准分子离子 $[M-H]^+$ 断裂脱掉$—OC_2H_5$ 形成的碎片离子。m/z = 133 是 m/z = 177 的重排离子脱去 CO_2 形成的碎片离子。

待测品与质谱分析软件提供的标准的反式对甲氧基桂皮酸乙酯的 EI 质谱图比较，相合度达 99%，因此，推测待测品为反式对甲氧基桂皮酸乙酯。

(5) ^{1}H-NMR 给出化学位移和耦合常数，与萨特勒标准谱图（34376UV 图号）对照。

取上述保留时间为 11.0 min 的产物进行核磁共振氢谱的研究。

化学位移 δ = 7.4543 和 δ = 7.4392（^{2}H），δ = 6.6815 和 δ = 6.8667（^{2}H）是 2 组左右对称的四重峰，从积分曲线上可以看出代表 4 个氢原子，可判断为对位二取代苯环。

化学位移 δ = 7.6304 和 δ = 7.6031（^{1}H），δ = 6.2953 和 δ = 6.2689（^{1}H）为双键上的 2 个氢，J_{AB} = 16 Hz 是典型的烯烃上的反式二氢的耦合常数，故可确定双键构型。

化学位移 δ = 3.8134（^{3}H）是甲氧基上的氢。化学位移 δ = 4.2454、δ = 4.2325、δ = 4.2214 和 δ = 4.2096 的 4 个峰的峰面积比例为 1∶3∶3∶1，^{2}H；δ = 1.3167、δ = 1.3050、δ = 1.2942 的 3 个峰的峰面积比例为 1∶2∶1，^{3}H，分别为—CH_2CH_3 的亚甲基峰和甲基峰。

(6) 得到分子式为 $C_{12}H_{14}O_3$。根据四大谱图推测山柰中结晶物质的结构式为反式对甲氧基桂皮酸乙酯（图 8-1）。

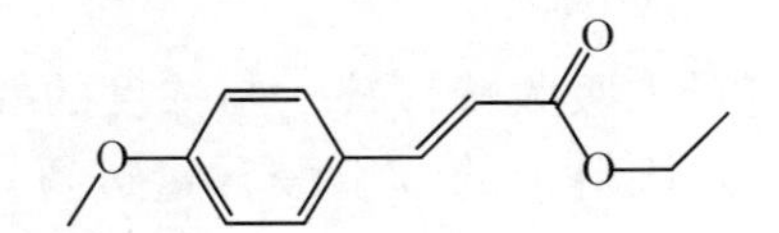

图 8-1　反式对甲氧基桂皮酸乙酯结构式

【注意事项】

数据记录与结果处理中给出的紫外谱图、红外谱图、气相色谱图和 ^{1}H-NMR 各谱图的数值仅作参考。

第九章　设计性实验

实验二十六　紫外吸收光谱法测定苹果汁中的苯甲酸

【实验目的】

（1）掌握紫外吸收光谱仪的基本构造和一般使用方法。
（2）熟悉样品中苯甲酸含量的测定方法。

【实验原理】

苯甲酸根在 225 nm 处有最大吸收峰，其 A 与浓度的关系服从朗伯－比尔定律：$A=\varepsilon bc$。采用标准曲线法可对饮料中的苯甲酸含量进行定量分析。最终结果应以 μg/mL 为单位。

【仪器与试剂】

1. 仪器

UV-4802 紫外－可见分光光度计、带盖石英比色皿（1.0 cm）、超声波清洗器。

2. 试剂

氢氧化钠、苯甲酸钠、苹果汁。

【实验步骤】

根据要求自行设计。

【数据记录及处理】

根据要求自行设计。

【注意事项】

（1）试样和工作曲线测定的实验条件应完全一致。
（2）不同品牌的饮料中苯甲酸钠含量不同，移取的样品量可酌情增减。

【思考题】

(1) 紫外－可见分光光度计由哪些部件构成？各有什么作用？
(2) 本实验为什么要用石英比色皿？为什么不能用玻璃比色皿？
(3) 为什么要在碱性条件下测定苯甲酸的 *A*？

实验二十七　高效液相色谱法测定苹果汁中的有机酸

【实验目的】

(1) 了解有机酸的分析方法。
(2) 掌握高效液相色谱的内标法定量方法。
(3) 掌握高效液相色谱的仪器操作。

【实验原理】

苹果汁中的有机酸主要是苹果酸和柠檬酸。在酸性流动相条件下（如 pH 为 2～5），上述有机酸的解离得到抑制。利用分子状态的有机酸的疏水性，使其在 C_{18} 键合相色谱柱中能够保留。由于不同有机酸的疏水性不同，疏水性大的有机酸在固定相中保留强，较晚流出色谱柱，否则较早流出，从而使各组分得到分离。

采用内标法对苹果汁中的苹果酸和柠檬酸进行定量分析，选择酒石酸为内标物，在波长 210 nm 处采用紫外检测器进行检测。

【仪器与试剂】

1. 仪器

Agilent 1100 高效液相色谱仪、ODS（*ID* 4.0 mm × *L* 125 mm）色谱柱、紫外检测器。

2. 试剂

磷酸二氢铵（优级纯）、苹果酸（优级纯）、柠檬酸（优级纯）、酒石酸（优级纯）、重蒸去离子水、市售苹果汁。

【实验步骤】

根据要求自行设计。

【数据记录及处理】

(1) 计算 3 种有机酸的校正因子和分离度。
(2) 按外标法计算苹果汁中苹果酸和柠檬酸的含量。
(3) 以酒石酸为内标物，按内标法计算苹果汁中苹果酸和柠檬酸的含量，并与外标法的结果进行比较，加以讨论。

【注意事项】

（1）配制样品时，称量一定要准确。

（2）实验结束后以纯水为流动相，冲洗色谱柱，以避免柱的堵塞。

【思考题】

（1）假设以50%的甲醇－水或50%乙腈－水为流动相，苹果酸、柠檬酸的保留值会如何变化?

（2）流动相中磷酸二氢铵的浓度变化对组分分离有什么影响?

（3）针对苹果汁中苹果酸和柠檬酸的分析，说明外标法定量和内标法定量的优缺点。